转型期中国大城市空间结构演变机理与调控研究

耿建忠　赵小芳　著

中国财经出版传媒集团

经济科学出版社

Economic Science Press

图书在版编目（CIP）数据

转型期中国大城市空间结构演变机理与调控研究/耿建忠，
赵小芳著 . —北京：经济科学出版社，2016. 11
　ISBN 978 - 7 - 5141 - 7483 - 0

　Ⅰ.①转…　Ⅱ.①耿…②赵…　Ⅲ.①大城市 - 城市空间 -
空间结构 - 研究 - 中国　Ⅳ.①TU984. 2

　中国版本图书馆 CIP 数据核字（2016）第 285595 号

责任编辑：刘　莎
责任校对：靳玉环
责任印制：邱　天

转型期中国大城市空间结构演变机理与调控研究
耿建忠　赵小芳　著
经济科学出版社出版、发行　新华书店经销
社址：北京市海淀区阜成路甲 28 号　邮编：100142
总编部电话：010 - 88191217　发行部电话：010 - 88191522
网址：www. esp. com. cn
电子邮件：esp@ esp. com. cn
天猫网店：经济科学出版社旗舰店
网址：http：//jjkxcbs. tmall. com
北京密兴印刷有限公司印装
710 × 1000　16 开　14. 75 印张　280000 字
2016 年 11 月第 1 版　2016 年 11 月第 1 次印刷
ISBN 978 - 7 - 5141 - 7483 - 0　定价：49. 00 元
（图书出现印装问题，本社负责调换。电话：010 - 88191510）
（版权所有　侵权必究　举报电话：010 - 88191586
电子邮箱：dbts@ esp. com. cn）

前　言

　　城市空间结构是城市地理学和城市规划学理论研究的核心内容，转型期是城市空间研究的时代背景和基本语境。转型期大城市空间结构演变机理与优化调控是城市研究的重要领域，也是当前城市发展与城市规划亟须探索的重要问题。

　　转型期大城市空间结构急剧演变，催生出一系列城市问题。改革开放以来，随着市场经济体制的日渐完善，传统社会组织方式发生转型，城市空间分异程度和复杂性空前提升，内城重组与外围扩张进一步加剧，共同改变着城市的固有面貌。特别是进入 21 世纪以来，城市化继续保持高速增长，城市蔓延、人口膨胀、产业重构和社会治理给大城市带来了巨大压力和挑战。大城市成为中国经济发展和城市建设的重心，其核心地位将得到不断加强，大城市空间的稀缺性与复杂性也将达到前所未有的程度。把握转型期这一历史情境，解构城市空间结构的深刻内涵，揭示城市空间结构的演变特征与机制，进而对城市空间结构的优化调控进行深刻反思和理性回归，是当前城市理论和实践的重要使命。

　　本书在对国内外相关研究回顾和相关理论溯源的基础上，界定了城市空间结构的内涵和外延，形成了"双层次、四维度、七要素"理论模型和转型城市空间研究范式。在理论模型和空间范式的基础上，本书着眼于中国改革开放以来的特殊转型时期，以北京和天津等城市为研究对象，从生态系统、建筑结构、土地利用、产业结构、人口分布及社会结构等角度对转型期大城市空间结构演变特征和演变机理进行了广泛探讨。最后，立足理想城市空间的价值取向和时代困境，提出中国转型期大城市空间结构调控策略。

　　本书主要得出五个方面的结论。第一，转型期是当前城市空间结构研究的重要语境，城市空间结构可以用"双层次、四维度、七要素"模型来加以概括。所谓"双层次"，即城市空间结构的研究应包含城市内部结构以及城市空间与外界的联系两个层次。"四维度"是指三维空间叠加时间维度，而"七要素"包括生态空间、实体空间、经济空间、社会空间、文化空间、虚拟空间以及围合空间。第二，转型期大城市内部空间重组与分异进程显著加快。物质实体与城市形态规模扩张，呈现出明显的破碎化与异质性特征。产业结构不断优化，产业布局模式发展变迁，传统产业空间重组，新产业空间逐渐形成。人口郊区化趋势明显，多中心人口密度格局日渐形成。社会阶层多样化，社会空间分异程度增强，外来人口和流动人口的作用有所加强。异质性文化要素侵入，文化景观与地名空间失语，传统民俗空间弱化。信息化与信息技术催生网络空间，赛博空间正在萌芽。邻里空间私密化，生活空间公共化，计划经济时期的"蜂巢式"单位制邻里空间正在向市场经济模式下的封闭性社区邻里空间过渡。第三，大城市对外空间经济联系加强，空间扩散与外溢成为必然趋势，产业空间、居住空间和休闲空间外溢进入加速阶段。第四，转型期大城市空间结构演变机理涵盖五个不同尺度的内容。全球生产组织方式的变革，深刻地改变了大城市发展的外部环境。国家层面的体制转型、制度改革和生产要素重组，改变了计划经济时期城市空间要素的组合方式。区域资源环境条件对城市发展和城市空间结构演变有着重要的约束作用，重大区域政策也引导着城市空间的运行模式。城市政府引导着城市空间拓展的总体方向。利益主体呈现多元化趋势，增大了自组织活力和调控作用。第五，转型期的特殊语境，使得大城市空间结构内在诉求与时代困境成为现实的矛盾，必须立足理想城市空间的价值取向和"辩证乌托邦"的价值体系，从制度层面、要素层面、规划层面、结构层面和社会层面，探索转型期大城市空间结构调控的"中国式"答案。

　　本书的创新点体现在三个方面。首先，形成城市空间结构的"双层次、四维度、七要素"模型，建构转型期城市空间结构研究范式与分析框架。其次，多维度探讨转型期城市空间结构演变特征。从城市内部空间重组和空间外溢两个角度，对转型期城市空间结构演变特征进行分析。前者涉及生态空间、实体空间、经济空间和社会空间等方面，后者涵盖产业与居住外溢等内容。最后，多层面分析转型期城市空间结构演变机理。从全球、国家、区域、地方和个体五个层面，对转型期城市空间结构演变机理进行分析，即生产方式的深刻变革、体制转型与要素重组、资源约束与区域导向、政府干预与经营城市以及多元主体调节和自组织。立足转型期大城市空间结构现实矛盾和价值取向，从制度层面、要素层面、规划层面、结构层面和社会层面，提出调控对策。

目　　录

第 *1* 章

绪　　论

往古来今谓之宙，四方上下谓之宇。

——《淮南子·齐俗训》

　　空间是时间的结晶，时间是空间的舞台。地理学是一门空间科学，被洪堡称为"地球的描述"，它研究区域内或地球空间的各部分上，一起存在的相互关联的各种不同现象的多样性。对空间中事物的排列，同对时间中的发展一样，有理由要进行特别的考察。除了系统的科学或者物的科学，纪年的科学、历史的科学或者时间的科学以外，还必须有区域的科学或者说空间的科学。空间的科学必须有两种。一种是研究事物在宇宙空间中的排列，这是天文学；另一种是关于地球上空间的排列的科学，或者因为我们还不了解地球内部，我们也可以说是关于地球表面上空间排列的科学。

　　人文地理学是研究人地关系的地域系统及其要素间相互作用的科学。自19世纪末德国地理学家拉采尔开启人文地理学研究领域以来，人文地理学就一直关注于空间和地方的解释。城市地理作为人文地理学的重要分支，是以自然要素和人文要素的综合体为研究对象，探究城市空间组织规律性的一门学科。城市是在一定地域范围内集中的物质实体、社会实体和经济实体这三者的有机统一体。"城市本身表明了人口、生产、工具、资本、享乐和需求的集中；而在乡村所看到的却是完全相反的情况，孤立和分散。""城市是经济、政治和人民精神生活的中心，是前进的主要动力。"自工业革命以来，城市化与工业化成为现代化的重要途径，城市问题成为理论研究和社会关注的焦点。

　　城市空间的形成、发展与演变，是探讨城市问题的重要出发点。时间和空间是运动着的物质存在的基本形式。对于一个事物的起源、演变和前景，需要用历史的眼光和空间的思维进行解读。各个城市的形成和发展有不同的历史背景和地理条件，各有不同的职能，承担不同的分工，形成各不相同的结构和形态，所有这些不同都不是偶然发生的，有它发展的内在规律。"如果我们要为城市生活奠定新的基础，我们就必须明了城市的历史性质……如果没有历史发

·1·

展的长远眼光，我们在自己的思想观念中便会缺乏必要的动力，不敢向未来勇敢跃进。"

改革开放以来，随着市场经济体制的逐步完善，土地制度、户籍制度、住房制度和分配体制比之的计划经济时期发生深刻变革，大城市发展的外部环境和内部要素都表现出独特的阶段性特征。相应地，大城市空间结构在这一时期的演变速度空前提升，催生出一系列城市问题。转型期的时代背景，是当前城市空间结构研究的基本语境。

1.1
选题背景与研究意义

1.1.1 选题背景

转型期是城市空间研究的重要语境，转型期大城市空间结构演变机理与调控举措是城市研究的重要领域，也是当前城市发展与城市规划亟须探索的重要问题。随着改革开放的逐步深入，市场机制的日渐完善，传统社会组织方式发生转型，城市空间分异程度和复杂性空前提升。内城重组与外围扩张进一步加剧，共同改变着城市的固有面貌。特别是进入 21 世纪以来，城市化进程继续推进，城市蔓延、人口膨胀、产业重构和社会治理给大城市带来了巨大压力和挑战。从中国社会经济发展的宏观趋势来看，城市化率还将继续提升，大城市的核心地位将进一步得到加强，大城市空间的稀缺性与复杂性也将达到前所未有的程度。

把握转型期这一历史情境，解构城市空间结构的深刻内涵，揭示城市空间结构的演变特征与机制，进而对城市空间的优化调控进行深刻反思和理性回归，是明确中国转型期和未来大城市发展方向的重要途径。

1. 全球经济重构、市场机制确立和中国城市转型

随着全球范围内生产模式和组织方式的巨大变革，中国从计划经济向市场经济体制大幅跨越，城市发展面临的外部环境和内部机制产生变化，进入特殊的转型时期。

全球经济重构改变了城市发展的外部环境，塑造了城市转型的外部基础。影响中国改革后社会经济重构的全球变化过程包括：福特主义向后福特主义转变；柔性生产的兴起；信息化带来时空距离压缩，资本全球扩散的速度大幅扩张；跨国新自由主义使全球资本体系在多种空间尺度上更加强大，社会空间不平等、权力被剥夺、被排斥和不公平现象也不断被强化。

这些全球化的变化已经对中国的经济和城市转型产生了直接或间接的影响。中国的城市转型与全球化过程有关，这个过程已经影响到空间的生产、城市的消费，以及人口的迁移。尤其是随着土地制度的完善，城市地租的作用日益明朗，城市空间的稀缺性已成为普遍共识。

在全球化潮流快速涌动的同时，市场机制在中国确立并日渐完善。中国的多重转型涉及以下几个方面：从国家再分配经济向市场调节转变；从集中于重工业的外延式国家工业化，以满足中央计划下的强制性生产配额，向满足全球和国内市场需求的商品生产转变；从土地公有（国有和集体所有）和土地的无偿使用，向很大程度上遵循以低价的区位为原则的土地有偿使用的转变；从由工作单位实质上免费供应住房向住房商品化转变；等等。空间要素的市场化，改变了城市空间组织的固有模式和演变机理。

全球经济重构和市场机制确立，对中国城市的社会、经济和空间结构的某个或者多个方面产生了重要的影响，加快了城市转型和空间演变。对于转型期城市空间结构的演变机理，需要新的理论体系和大量的实证案例去加以解析和证实。

2. 大城市成为中国城市建设重心和关键环节

从 19 世纪开始，在工业化的带动下，世界城市化迅速发展。20 世纪 50 年代以来，城市化速度进一步加快，出现了明显的大城市化趋势，大城市的经济功能愈发突出。相对于小城市而言，大城市往往能够提供更全面更高档的服务、更为现代舒适的交通方式、更经济的教育成本和更富吸引力的城市生活，因而大城市也成为中国城市发展的支配力量。

在"集中发展大城市"还是"分散发展小城镇"的问题上，中国理论与规划界曾进行过激烈讨论。毫无疑问，小城镇在中国城镇化历程中是一支重要力量。中国乡镇企业在 20 世纪 80 年代得到蓬勃发展，小城镇获得了长足发展，一大批小城镇随之崛起。小城镇发展成为推动中国人口城镇化、农村现代化及农村富余劳动力转移就业的重要力量。作为沟通城乡的桥梁和纽带，小城镇过去、现在和将来都是农村劳动力转移就业和城镇化的重要渠道。但由于发展时间短，中国小城镇建设对于农村劳动力吸纳力小。特别是 1997 年以后，随着中国由短缺经济向相对供给过剩经济转变，中国乡镇企业的发展普遍面临重大危机，对农村剩余劳动力的吸纳力更为减弱。试图通过全面发展小城镇来加速完成中国的城镇化进程，显然存在极大的局限性。

"大"城市的直接目的和关键优势在于要素集聚和规模效应。20世纪90年代，大城市成为发展焦点。大城市产业和人口高度集中，规模经济优势强，对辐射和带动周边中小城市的发展起到了重要作用；而长珠三角等地的小城镇在大城市带领下蓬勃发展的事实，从另一方面证明——发展大城市、带动周边小城镇发展是加速中国城镇化进行的一条可行的道路。

协调发展大城市和中小城市，构建完善的城市体系，是今后城市可持续发展的必然趋势。从中国城市发展来看，北京、上海和香港都已跻身国际大都市行列，而其他层次的大城市也在蓬勃发展之中，正在成为引领中国经济发展的增长极。北京市提出了建设世界城市的新目标，将进入新的发展阶段。同时，围绕大城市形成的城市群、都市圈、都市带，将成为今后引领中国经济发展的核心地带。换言之，提升大城市的集聚功能，发挥中小城市的集散作用，可以形成错落有致的城市网络，促进城市建设的良性发展。

3. 转型期城市空间急剧演变引发诸多问题

改革开放以来，在全球化、市场化、现代化和城市化的多重因素综合作用下，城市空间发生急剧演变，引发多种问题。探索其演变特征，解释其演变机理和内在机制，并提出行之有效的调控对策，成为这一时期城市研究的重要议题。

自改革开放以来，在经济和社会多重转型的背景之下，中国城市形态和空间结构演变达到了前所未有的强度，呈现出多元复杂化特性，体现在城市生态景观高度破碎化、建筑实体景观丰富化、产业经济结构复杂化、社会文化空间多元化等各个方面。

随着对外开放的逐步扩展、社会民营资本作用的持续加强和技术领域的不断创新，影响城市空间结构形成和演变的因素也日趋多元化。除土地、资本、交通和劳动力等传统区位因子之外，各类经济开发区和高新技术开发区、大量新产业空间的出现、大型事件（如奥运会、世博会）等的成功举办，都显著影响着城市形态和功能空间的布局，不断重塑着转型期城市空间结构。

随着经济和社会领域的快速转型、城市形态和空间结构的急剧演化，各类社会问题不断凸显，成为城市健康和谐发展的掣肘。生态绿地空间的退化和破碎化、建筑实体空间的拥挤、城市蔓延、半城市化地区用地高度复杂化、社会空间极化与分异、居住就业空间错位造成钟摆式运输、中心城区的老化和历史街区的退化以及多元异质文化空间的出现，造成传统文化空间和城市文脉的弱化缺失。凡此种种，都是城市发展、城市规划和管理所必须解决的棘手问题。

4. 转型期城市空间结构研究成为理论热点

转型期的特殊背景，为城市地理的理论研究提供了实证基础，城市空间结构成为当前人文地理学研究的理论热点。特别是针对转型期空间要素的变动，引发的城市空间结构演变过程探讨，已经是学术理论和实践环节的重要领域。

然而，通过理论回顾和成果纵览可以发现，在几个重要问题上，对于转型期城市空间结构的研究，还有较大的提升空间：理论体系的完善，即丰富城市空间结构研究的理论视角，拓展理论内涵，突破单一学科的自身局限，从交叉研究的角度全面地反映城市空间结构演变的本来面貌；实证体系的丰富，扩展研究案例和研究范围，用多角度的实证分析，有效识别有中国特色的、符合转型期真正内涵的城市空间结构演变特征；机理与调控对策的系统化，深入分析转型期空间要素的变动，概括综合机理，明确突出问题和发展趋向，提出行之有效的调控对策。

1.1.2 研究意义

时间与空间是地理学的基本思维范畴，也是解析复杂地理现象和揭示社会经济运行规律的重要方法，而城市空间结构演变是蕴涵时间和空间的双重维度，是城市地理学理论研究的重要领域。同时，城市空间结构也是城市规划和管理的重要切入点，转型期的诸多城市问题都衍生于此，其运行规律的探究，对于中国城市和谐发展与城市规划工作的效率提升，都有着重要的指导意义。

1. 理论意义

城市地理学是聚落地理学的重要组成部分，特别是随着世界城市化潮流的不断推进，城市人口的比重不断提升，大城市的集聚规模得到显著加强，城市地理的相关研究和模式总结具有重要的理论意义。随着城市的形成，城市空间逐渐孕育，城市空间结构也成为城市地理研究的理论核心。围绕城市空间结构的研究，衍生出区域范式、空间范式、结构主义范式、人文主义范式和新马克思主义城市学等多种思潮，城市空间的研究具有旺盛的生命力。

转型期大城市空间结构研究的理论意义，集中体现在以下三个方面：

第一，丰富既有的城市地理与城市空间结构理论体系。

国外城市地理研究起步较早，积累了大量的实证案例，形成了较为完善的理论体系。从"芝加哥学派"的形成与壮大，到后现代主义和新马克思主义城市地理学的逐渐兴起，城市地理研究走过了一条波澜壮阔的光辉道路，而这条道路是与每一时期城市发展的实践紧密联系在一起的。换言之，在不同时期、不同历史背景和不同的社会环境下，城市发展的实践会延伸出不同的问题，通过对这些"现实问题"的研究，城市地理的理论体系才得以不断壮大。同样，中国的深刻转型为城市地理研究提供了新的语境，既有的"完善"理论并不能很好地解释转型期城市空间结构的特征和内在机理，而所谓的一般性对策和最新做法，也似乎难以适应中国最广泛的城市实践和最突出的城市问题。

物质决定意识，意识能够指导人脑，通过一种物质的东西，作用于另一种物质的东西，从而达到改造世界的目的。理论研究的关键就在于，理论研究的目的在于指导实践，而理论研究的源泉和灵感也从实践而来，形成一种"实践—认识—再实践—再认识"的反复过程，通过这种"螺旋式上升和波浪式前进"的曲折过程，认识到实践环节所蕴涵的真正问题，总结出理论模式，从而指导实践。反观"芝加哥"学派的形成过程，也是建立在大量的城市案例实践，立足于客观的现实问题，抽象形成理论，进而构建范式，最终酝酿而成的。

反思中国转型期的城市实践，可以发现，很多的问题都是"经典"理论始料未及的。这一方面与中国特殊的历史背景和社会特征不无关联，另一方面则来自中国对于转型期的创造性实践和探索。改革开放实施已逾三十年，三十年在地球演化历史上可谓沧海一粟；即便是从整个人类社会发展史来看，也是一个特殊的瞬间。然而，在这以往并持续进行的转型阶段，凸显的问题与各种矛盾，却是以往的社会阶段所难以企及的。

把握转型期特殊语境，明确城市空间结构的本质含义、深刻内涵与丰富外延，探讨其演变特征、内在机理和调控对策，形成独特的理论体系，构建具有中国特色的研究范式，可以形成中国的"芝加哥"学派，极大地丰富了城市地理与城市空间结构研究的既有体系。

第二，完善中国城市地理与城市空间研究内容。

无论是从发展历史还是人口结构来看，农业、农村和农民都占据极大比重。改革开放以后，随着户籍制度的改革和土地制度的放开，人口流动逐渐加强，城市化率显著提升，城市地理研究的重要性日渐凸显。

中国城市地理研究立足于转型期，其脉络与城市发展的轨迹相一致。从20世纪80年代起步，介绍引进国外的经典模式，用以解释国内城市实践过程中的问题和现象。建立城市历史地理学的研究方法，探讨历史时期城市发展过程和演变脉络。90年代以后，随着改革开放的全面展开，开发区、大型购物中心、连锁超市在中国如雨后春笋般出现，显著地改变着城市空间演变的既有格局。人口郊区化、外来人口迁移与产业功能布局调整，成为城市地理研究的关心话题。进入21世纪以来，随着空间要素多样化程度的进一步提升，信息空间、流动空间、全球化成为城市地理研究的新视角。在这一过程中，城市地理的研究方法也得到丰富和扩充，从初期的定性描述，逐步过渡到定量分析，地理信息系统、遥感、多元统计分析、感知地图描绘等方法的引入，极大地改变了原有的城市地理方法论体系。

　　然而，重新审视现有的城市地理和城市空间结构研究，可以发现还有一些问题没有解决：首先，国外经典模式的真正价值和适用程度值得怀疑。经典模式之所以能称得上"经典"，是因为它解决了某一时期、特定对象和有限空间的突出问题。由于地理空间的差异性，"经典"传统难以磨灭地球表层的千差万别，更是难以绕过复杂多样的社会阶段。鲁迅先生倡导"拿来主义"，不仅要拿来，更是要分析、消化和转化，"取其精华、去其糟粕"，达到为我所用的目的。而国外一些陈旧的经典模式在中国的城市空间研究中，依然很有市场，这充分说明了我们理论研究的滞后性。其次，对于转型期城市空间结构这一复杂现象，往往旁敲侧击，就某一方面进行个别探讨，难以反映其客观过程。实际上，城市是一个有机体，各种空间要素是具有高度关联性的，简单的肢解容易让结论片面化。能否取各学科之长，进行交叉研究，反映城市空间的本来面貌，无疑会提升研究的科学性和实用价值。另外，囿于行政区划的限制，当前的城市空间结构研究明显地分化为两个层次（尺度），即城市内部空间结构与城市外部空间结构（城市体系），这就导致目前的城市规划"重城区而轻郊县""重实体而轻要素"。随着经济一体化的逐步深入，城市与外界的物质、能量交换不断加强，我们很难再"闭门造车"。行政意义上的城市（city）界限逐渐被突破，经济意义的城市（urban）意义逐渐凸显。那么，城市空间的研究就不能简单地采用"二分法"，而是双管齐下，关注城市内部空间结构以及与外部的空间联系（空间引入与外溢），或者说把研究视角提升到"城市—区域"的综合角度，很多问题才能迎刃而解，特别是能够发现城乡统筹、产业布局、人口外迁、职住分离和生态环境恶化的真正答案。

2. 实践意义

　　地理学是一门实践的科学，城市地理与城市空间结构研究的最终目的在于指导城市规划和管理，空间演变机理与调控措施是实践环节的根本归宿。然而，影响城市发展的要素极其复杂，只言片语的理解很容易曲解问题的真正内涵。因此，有必要对影响因素和作用机制进行综合探讨，而所提出的调控对策也要"对症下药"。本书在理论范式构建的基础上，从实体空间、经济空间、社会空间和空间外溢四个方面，对转型期大城市空间结构演变特征进行了广泛探讨；进而从全球层面、国家层面、地方层面和个体层面四个角度对演变机理进行深入探讨，最后就突出的问题和发展的趋势，提出针对性的调控对策。本书研究具有重要的实用价值，特别是对于城市规划、城市管理、城乡统筹和社会治理，有着极为特别的实践意义。

第一，认识大城市空间结构的现实问题。

毫无疑问，转型期的特殊语境，改变了大城市空间发展的外部环境与内部要素，而且这种转型绝不仅仅是从计划经济向市场经济转变如此简单。由于转型期空间要素的特殊变化，使大城市空间结构的演变呈现出比以往更为纷繁复杂的状态。如何较为全面地认识城市空间的现实问题，就成为城市地理和城市空间研究的重要环节。

城市是一个有机体，同时也是一个复杂的开放式巨系统。如何认识这一时期城市空间结构的转变，就成为一件困难的事情。因此，在进行空间研究时，必须根据构成要素的内在规律，将整体系统进行合理分解。在这一点上，很多学者都达成了共识，如将城市空间划分为虚实空间、物质空间和社会空间、内部空间和外部空间等。那么，如何评价划分的科学与否，关键在于划分标准以及是否能够概括出现实情况的主要细节。

在理论构建部分，本书立足于城市系统及城市空间的客观基础，把握内部结构与对外联系两个不同尺度，整合维度，拓展要素，提出"双层次、四维度、七结构"城市空间结构模型，以自然生态空间、实体空间、经济空间、社会空间、文化空间、信息空间与围合空间这样七个相互耦合又各自独立的部分，较为全面地反映城市空间的真实面貌。

在实证分析部分，本书承接理论模型的概括性及全面性，从城市内部空间和空间对外联系两个角度进行有效解读。一方面，城市内部空间包含实体空间、经济空间和社会空间这三个层面，从实到虚、由表及里地描绘出转型期大城市空间结构的演变特征；另一方面，通过城市与区域的互动关系，探讨空间扩散的典型特征，开拓出一个新颖的视角。

第二，完善城市规划与土地利用规划的要素体系。

城市规划和土地利用规划，是国民经济发展和空间协调的重要途径。经过多年的理论积累和实践探索，中国的城市规划和土地利用规划取得了长足的进步。但从实施现状和规划体系来看，还有一些急需完善之处。

目前的城市规划，受到《雅典宪章》等传统规划思想的限制，体系本身存在一些局限。一方面，侧重于城市形态（物质要素）层面，突出表现在对于城市空间的拓展方向和用地指标的控制，而对于经济和社会要素关注较少，这就使形成的规划刚性特征较强，实施过程中往往出现脱节；另一方面，目前的城市规划重在"城"，乡村郊县通常以城镇体系的形式出现，也难以满足社会经济发展的现实需要，容易造成边缘区和郊县发展的随意性。由城市核心向城乡兼顾，是中国城市规划发展的趋势，2007 年《城乡规划法》的出台也充分证明了这一点。换言之，只有通过物质、经济和社会要素的统一识别，城乡空间的统筹兼顾，才能形成较为科学的城市规划。

从土地利用规划的发展实践来看，通过规划的法律约束，城市土地得到了较好的空间管治。但囿于发展阶段的限制，现行规划中也有一些重要环节缺失。例如，随着城市经济的发展，土地资源的稀缺性日渐彰显，垂直方向的土地资源，成为城市（尤其是中心区）获得额外发展空间的重要途径。本书通过对垂直土地利用分层和地下空间的探索，力图对土地利用规划的空间视角做出拓展性的尝试和探讨。

第三，指导城市建设的实施方向。

城市规划、城市建设和城市管理是城市运营的"三部曲"，而城市建设则是最能够直接改变城市面貌的一环，而城市风貌、土地利用调控与产业宏观布局是城市建设三个重要环节。

城市风貌是历史的积淀和城市的记忆。改革开放以来，特别是 20 世纪 90 年代以后，大城市中心区的发展逐步加快，各种现代（或后现代）建筑涌入城市，其中不乏一些饱受质疑的洋垃圾，这种现代化的建筑空间或建筑群逐渐地改变着城市本来的风貌，使大城市建筑之间的区分度弱化，特别是历史街区风貌受到影响。本书通过城市地标和城市纹理等要素分析，探索了转型期城市风貌的变化，探讨城市风貌对城市空间结构发展的重要意义。

土地是财富之父，劳动是财富之母。现代城市土地利用的合理配置，是经济发展的重要保障。本书通过土地利用综合度、动态度、集约度等指标体系，揭示出在转型期大城市土地利用结构的变化过程和趋势，探讨建设用地、耕地与城市扩展之间的耦合关系，揭示土地开发过程中的一些"不经济"现象，提出土地集约节约利用的调控对策。

产业宏观布局与产业结构调整是城市经济升级、合理化的基本范畴。本书通过产业结构熵、就业偏离度、产业结构贡献方程、投入产出分析等一系列计量模型，揭示改革开放以来大城市产业结构变动的客观过程，明确增长空间和调控方向。同时，从农业、工业、商业和新产业空间等角度，对具体行业（产业）的布局，进行富有意义的探讨。

第四，延伸社会治理的空间内涵。

如果说产业布局与城市风貌的变化是转型期城市空间的直观响应，那么社会结构的转型就是内在的深刻变迁。这种变迁给城市社会空间的治理提出了新的挑战。

计划经济时期，国内的社会阶层可以概括为"两个阶级一个阶层"，即工人阶级、农民阶级和知识分子阶层。那么，随着所有制的改革，社会空间组织要素的分化，民营经济的发展，原有的阶层构成势必会发展深刻的变革。目前，有学者用个体工商户阶层、产业工人阶层、农业劳动者阶层等十大要素概括当前的阶层现状。毫无疑问，随着所有制的改革、分配体制的改革以及收入差距的作用，阶层的分化与多样化是必然的趋势。如何识别阶层的变化过程和趋势，就成为理解社会空间构成，有效地进行社会治理的重要内容。本书以历次人口普查数据为基础，通过模型计算，识别改革开放以来阶层的变动趋向，为社会空间治理提供有益参照。

1.2
研究内容与研究思路

1.2.1 研究目标

本书着眼于中国改革开放以来的特殊转型时期，以中国具有代表性的若干大城市为研究对象，从地理学、经济学、建筑学、社会学、历史学等角度对转型期大城市空间结构演变特征进行详细探讨，明确演变机制，探讨存在的问题。在此基础之上，提出具有针对性的空间结构调控策略，以期为城市规划、建设和管理提供理论参照。

1.2.2 研究内容

本书的研究内容主要包括以下四个方面：

1. 理论回顾

回顾以往的转型期城市空间结构研究文献，梳理国内外对这一问题的研究脉络和进展情况，总结既有的研究模式和研究方法，获取最新的理论概况。在此基础上，发现现存的主要问题，总结已有研究中存在的不足，找出本书研究的出发点和落脚点，为本书的研究做好充分铺垫。

2. 范式构建

总结相关理论体系，探讨城市空间结构研究的理论基础。通过转型期语境解读，城市空间结构概念解析和内涵思辨，建构本书的理论框架与研究范式。阐明本书研究的主要案例城市，建立实证分析的现实基础。

3. 转型期大城市空间结构演变机理分析

探讨转型期中国大城市演变特征与内在机理。一方面，以北京市和天津市为核心案例，以"双层次、四维度、七要素"城市空间结构模型为基础，对转型期大城市空间结构演变特征进行全面解读；另一方面，结合中国转型期的特殊历史背景，从全球层面、国家层面、区域层面、地方层面和个体层面四个尺度，总结大城市空间结构演变的典型影响因素，探讨其中的作用机制。

4. 转型期大城市空间结构调控对策研究

在理论研究和实证分析的基础上，结合当前转型期内中国大城市空间结构的典型特征，针对存在的突出问题，立足发展趋势和价值取向，提出转型期大城市空间结构调控对策。

1.2.3 研究思路

1. 研究区域

本书以北京和天津作为主要的研究案例，同时也涉及上海、武汉、广州、南京、西安、沈阳、大连等大城市，以丰富研究案例，提高研究的科学性。

2. 研究方法

城市空间结构的复杂性，决定了本书在研究过程中方法的多样性。本书的关键在于构建理论分析框架和模型，并将其应用到不同尺度的空间分析上去。具体来讲，在研究过程中将用到归纳与演绎法、规范与实证法、定性与定量有机结合。

（1）归纳与演绎方法。

通过理论梳理和回顾，进行归纳和总结，构建研究范式和理论框架，奠定研究基点。进而结合案例城市，进行演绎分析。

（2）规范与实证相结合。

采用规范分析法研究城市空间结构内涵和外延、形成演变过程及影响因素，构建理论模型，提出理想假设；以具体城市为案例，采用实证分析的方法，研究转型期城市空间结构演变的具体特征和面临的问题。最后将两者有机结合，提出调控策略。

（3）定性与定量相结合。

定性和定量是地理学研究的基本方法，两者的有机结合可以使研究结果既富有科学性，又兼具解释性。在研究过程中，本书以遥感影像图、土地利用图和地形图等多源数据为基础，结合统计资料（包括人口普查、经济普查、统计年鉴等），采用 GIS 和 RS 相结合的方法，进行模拟分析和演变研究；选择多个社会经济因子，利用因子生态分析方法，借助 SPSS 等统计软件，研究城市社会空间结构。

3. 数据来源

本书所涉及的数据来源于四个方面：（1）遥感、地理信息系统与图形图像数据，包括 Landsat TM 遥感影像图、SPOT 卫片，ArcGIS 格式的行政区和街道分区图，以及相关年份的土地利用图。（2）社会经济与人口统计数据，包括《新中国五十五年统计资料汇编》《中国城市统计年鉴》（1985～2008 年）《北京统计年鉴》（1982～2009 年）《北京市社会商业普查资料汇编》（1985 年），其他案例城市以及所属区县国民经济与社会发展统计公报，第三、第四和第五次全国人口普查数据，以及 2005 年 1% 人口抽样调查。（3）各类城市规划与土地利用规划报告，城市规划资料包括《北京规划建设五十年》《建国以来的北京城市建设资料》，以及《天津市城市总体规划（1996～2010 年）》和《天津市城市总体规划（2005～2020 年）》；土地利用规划包括《北京市土地利用总体规划（1997～2010年）》《北京市土地利用总体规划（2006～2020 年）》《天津市土地利用总体规划（1997～2010 年）》《天津市土地利用总体规划（2006～2020 年）》《天津市郊县土地利用现状详查报告（1985 年）》。（4）实地调研数据，包括建筑空间、土地利用与产业布局的实地调查与统计。

本书主要数据资料来源如表 1－1 所示。

表 1－1　　　　　　　　　　　本书主要数据资料来源

类别	具体内容
图形图像	北京市 LandsatTM 遥感影像图、SPOT 卫片
	北京市 ArcGIS 格式的行政区和街道分区图
	北京市相关年份的土地利用图
	北京市行政区划图

类别	具体内容
图形图像	天津市分街区行政区划图
	三河市遥感影像图
	三河市行政区划图
统计数据	《新中国五十五年统计资料汇编》
	《中国城市统计年鉴（1985～2008年)》
	《北京市统计年鉴（1982～2009年)》
	《天津市统计年鉴（2006～2009年)》
	《北京市社会商业普查资料汇编（1985年)》
	北京市国民经济投入产出表（1985年、1990年、1995年、2000年、2005年）
	《三河市统计年鉴（2005～2007年)》
	第三次、第四次与第五次全国人口普查
	2005年1%人口抽样调查
	国家、省地市县国民经济与社会发展统计公报
规划报告	《北京规划建设五十年》
	《建国以来的北京城市建设资料》
	《北京城市总体规划（1953年、1958年、1973年、1982年、1993年、2004年)》
	《北京市土地利用总体规划（1997～2010年、2006～2020年)》
	《天津市城市总体规划（1996～2010年、2005～2020年)》
	《天津市土地利用总体规划（1997～2010年、2006～2020年)》
	《天津市郊县土地利用现状详查报告（1985年)》
实地调研	建筑空间、土地利用与产业布局的实地调研数据，调研点包括：
	北京市——城区二环、三环和四环，海淀区及朝阳区部分街道
	天津市——和平区，南开区以及滨海新区
	河北省——三河市、大厂回族自治县

4. 技术路线

本书的主体由五大部分构成，即理论构建、实证分析、机理探讨、调控对策与结论展望。第一部分为范式建构。首先从背景分析进行切入，明确研究重点和目的，确定工作重心。继而分析已有研究成果，包括转型期研究、城市空间结构研究等方面的成果，总结研究进展，明确研究不足；梳理转型与城市空间结构研究的相关理论，提取核心概念。在此基础之上，明确界定研究对象的内涵和外延；分析转型期特殊含义，构建理论模型，为后续实证研究做铺垫。第二部分为特征解构。从生态空间、实体空间、经济空间、社会空间和空间外溢等角度揭示转型期中国大城市空间结构演变的历史轨迹。第三部分为机理分析。从全球、国家、地方与个体等不同尺度，探讨不同影响因素的作用强度和机理，利用第一部分的理论模型进行充分的实证研究。第四部分为对策探讨。在理论分析和实证研究的基础上，结合转型期内大城市空间结构存在的诸多问题，提出具有针对性的调控措施。第五部分为结论展望。总结本书的主要结论，对存在的不足和未来可能的研究方向做出展望。

1.2.4 主要创新

本书创新主要体现在以下三个方面：

1. 建构转型期城市空间结构研究范式与分析框架

在背景分析、文献综述、理论溯源、语境解读的基础上，明确城市空间结构的深刻内涵与广泛外延，进行概念分析和内涵思辨，建构"双层次、四维度、七要素"城市空间结构模型，提出转型城市空间范式与城市空间结构分析框架。

2. 多维度探讨转型期城市空间结构演变特征

以"双层次、四维度、七要素"模型为基础，从城市内部空间重组和空间外溢两个角度，对转型期城市空间结构演变特征进行分析。前者涉及生态空间、实体空间、经济空间和社会空间等方面，后者涵盖产业与居住外溢等内容。

3. 多层面分析转型期城市空间结构演变机理

从全球、国家、区域、地方和个体五个层面，对转型期城市空间结构演变机理进行分析，即生产方式的深刻变革、体制转型与要素重组、资源约束与区域导向、政府干预与经营城市以及多元主体调节和自组织。明确转型期大城市空间结构现实矛盾和价值取向，进而从制度层面、要素层面、规划层面、结构层面和社会层面，提出具有针对性的调控对策，如图 1-1 所示。

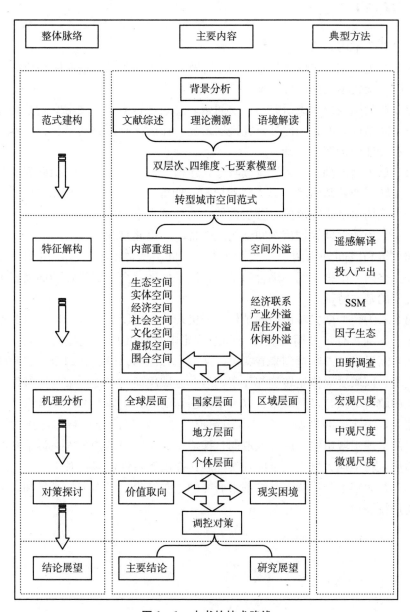

图 1-1 本书的技术路线

1.3

本书结构

本书共 7 章内容。

第 1 章为绪论。主要概括本书的选题背景和研究意义，进而明确研究目标和研究思路，交代本书的研究框架。

第 2 章为国内外相关研究进展及问题。总结在转型期、城市空间结构和转型期城市空间结构方面，国内外研究进展情况，探讨现有研究的不足，为本书的理论创新和实证分析奠定基础。

第 3 章为理论溯源、语境解读与范式建构。梳理城市空间结构研究的相关理论，解读转型期特殊语境，形成"双层次、四维度、七要素"城市空间结构的理论模型，建构本书研究范式与分析框架，明确核心案例城市的基本情况。

第 4 章为转型期大城市空间结构演变特征。以北京和天津为核心案例，从内部空间重组和空间外溢两个层次，即生态空间、实体空间、经济空间、社会空间、文化空间、虚拟空间、围合和空间扩散等角度，全面解析转型期大城市空间结构演变的基本特征。

第 5 章为转型期大城市空间结构演变机理。以尺度为划分标准，以北京和天津为主要案例，对转型期大城市空间结构影响要素和作用机理的探究。具体来讲，从空间尺度和影响范围来看，可以从五个方面加以解读，即全球层面的生产方式变革、国家层面体制转型与要素重组、区域层面的资源约束与区域发展、地方层面的政府干预与经营城市，以及个体层面的多元主体调节与自组织。

第 6 章为转型期大城市空间结构调控对策。在理论分析和实证探索的基础上，总结了理想城市空间的价值取向，探讨了城市空间结构的内在诉求和时代困境，最后就转型期大城市面临的现实问题，提出针对性的调控对策。

第 7 章为结论与展望。总结本书研究的主要结论，对本书的不足和未来的研究方向进行展望。

第2章

国内外相关研究进展及问题

鲧筑城以卫君，造廓以守民，此城郭之始也。

——《吴越春秋》

城市本身的单纯存在与仅仅是众多的独立家庭不同。在这里，整体并不是由它的各个部分组成，它是一种独立的有机体。

——《马克思恩格斯全集》

转型期是当前城市空间结构研究的重要语境。外部环境与内部要素的转型，塑造了城市空间结构演变的基本条件，影响着演变的过程和未来走向。对于转型期大城市空间结构的研究，涉及转型期、城市空间结构、转型期城市空间结构三个方面的议题，因此需要对这三个领域的研究进行检视与回顾。进而发现研究的发展脉络，总结存在的不足，为本书的理论研究和实证分析奠定基础。

2.1

转型期研究进展

20世纪90年代以来随着冷战体系的解体和经济全球化程度的加深，各个国家都在经历着体制转型。这包括三个典型的方面：第一，福特主义到柔性生产，改变了发达国家的生产组织方式；第二，东欧的激进式改革引发社会制度变迁；第三，改革开放以来，中国从计划经济向市场经济的过渡，在经济稳步发展和制度改革有序推进的同时，进行了一次"摸着石头过河"的成功探索，这引起了世界各国的广泛关注，而以往的诸多理论对此也难以形成有效的解释。

2.1.1 国际学术界对转型的基本认识

对于发达国家而言，最重要的体制转型主要体现在三个方面：第一，经济组织方式的全球化；第二，生产方式由福特主义转向后福特主义；第三，治理方式的变化——公民社会的强化。另外，第三世界国家，尤其是关于前社会主义国家，也是转型特征研究的热点案例，相应的转型制度学、转型社会学、转型经济学的研究也因此而大量展开。

2.1.2　对中国经济改革的理论解释

国际学术界对在中国"转型"的研究主要还集中在经济领域：一是由计划经济体制转向现代市场经济或称"社会主义市场经济体制"；二是指由落后的农业国转向现代的工业国。因此，经济体制转型和经济结构演进是中国转型的主要含义。在国内学术界，转型和改革一般都是指从传统的集权计划经济向现代的市场经济过渡的理论和实践。

与苏联和东欧地区的激进改革形成鲜明对比的是，中国采取了稳步推进的改革策略。在确保公有制为主体、多种经营成分并存的前提下，在经济领域率先试点，通过一系列稳健的措施，将改革逐步推进到制度层面，并渐次深入到社会经济生活的各个方面。从目前来看，稳步推进的改革模式确保了社会稳定和经济发展，显示出旺盛的生命力。

2.2

城市空间结构研究进展

城市空间结构是城市社会经济要素在空间上的投影，是城市地理与城市规划学科关注的焦点。

2.2.1　国外城市空间结构研究进展

国外城市空间的发展变化是与特定的历史阶段相适应的，经济条件、生产组织方式和社会背景的变化都显著地改变着城市空间的外在形式。而相关的理论研究也具有明显的时代特征。

在城市发展的早期阶段，城市是神祇的家园，代表永恒的权力和地位。遍布的神庙宗祠，严格的空间布局，秩序化的空间组织，都表明了统治阶级的特殊地位。这一时期，城市的主要功能定位于为统治阶级服务。同时，由于生产组织受到地域条件的限制较为严重，城市的集聚程度并不高，人口规模和空间面积也较为有限。

随着工业革命的逐步深入，城市的经济功能日渐凸显。生产组织的地域局限被打破，城市的集聚功能得到显著加强。人口大量涌入城市，带来一系列生态问题。痛定思痛的城市人群，生发出对城市生活的逃离感，"和谐村"等乌托邦城市应运而生，但由于脱离实际，这种短暂的形式无法生存。

20 世纪上半叶，国外城市空间研究注重功能结构的探讨。无论是带型城市、田园城市、卫星城模式，还是有机疏散，都体现出对城市功能空间的深入思考和创新。柯布西埃的光辉城市更是这一潮流的典型代表，《雅典宪章》集中体现了这一思想，并对城市规划产生了深远影响。这一时期，以帕克为首的芝加哥学派，以人口分布为核心，开拓了城市生态学的新领域，形成了同心圆、扇形和多中心等经典模式，被写入城市地理教科书。

20 世纪下半叶，随着城市化的快速发展，信息化引发情感的隔离，国外的研究者从更为微观和柔性的角度，诠释城市空间结构的本来面貌。凯文林奇教授的城市意象、罗尔的拼贴城市，以及雅各布斯通过《美国大城市的死与生》一书所传达出的反规划思想，都体现出城市空间研究对于人本的关怀和回归。

20 世纪末，特别是进入 21 世纪以来，随着全球化和市场化程度的不断加深，城市空间结构的研究尺度也得到显著扩展。城市连绵带、大都市带成为人们关注的焦点。

随着"后现代主义"研究的兴起，新城市主义、新制度主义成为城市空间研究的新领域。另外，面对时空压缩和资本的重构，新马克思主义城市地理成为一个重点领域，戴维·哈维、卡斯泰尔斯和列夫斐尔就是其中的典型代表。戴维·哈维的《社会正义与城市》《资本的局限》《城市经历》《后现代的状况》以及《希望的空间》，都是回应全球化引起的时空压缩，对城市空间所进行的深入思考。

进入 21 世纪以来，国外城市空间结构的研究领域不断细化，逐渐摆脱了对于宏观城市空间格局的探讨，深入城市社会经济的众多领域，研究方法也更为多样化。女性主义地理学、人文主义地理学等新型研究方法，逐渐加入城市空间研究中来，体现出在信息化时代人文关怀的深刻思辨与理性回归。

2.2.2　国内城市空间结构研究进展

相较于国外的城市空间结构研究而言，中国的同类研究则较为滞后。20 世纪 80 年代，通过国外理论与方法的引入，开创了国内城市空间研究的历程。

20 世纪 80 年代的研究以历史地理回溯为主要方法，即采用历史时期的研究方法，探讨长时段城市的演变过程，代表人物有董鉴泓、马世之、傅崇兰、叶晓军、俞伟超等。80 年代末，随着理论的引入和探讨，出现了一些突破性的成果，如武进和胡俊对于城市形态演进的研究，胡华颖对于广州内部空间的分析，以及姚士谋对大都市空间扩展的总结，都为后续研究奠定了很好的基础。从研究成果和研究视角来看，现阶段国内城市空间结构研究主要集中在以下领域：

1. 国内外城市空间研究成果总结与展望

许多学者系统总结了国外城市空间结构研究的脉络，提出未来的趋势和展望。如欧阳南江论述了西方国家城市内部结构研究的理论、方法和研究进展；唐子来阐述了城市空间结构实证研究框架；吴启焰提出今后城市空间结构研究的发展方向和研究热点；甄峰对信息时代区域与城市空间结构的相关研究；冯健从人口与城市内部空间结构等方面，回顾了中国城市内部空间结构研究的最新进展。

2. 城市空间结构演变研究

城市空间结构演变是城市空间乃至城市地理学研究的一个重点领域。根据研究时段的不同，可以将其划分为两大部分，即历史时期长时段研究和改革开放以来特定时段的研究。

历史时期城市空间的演变，是一个传统的话题。赵荣总结出唐代以来西安城市空间结构演化的主要特点，刘玉芬等探讨了社会变迁对城市空间结构的影响，其他同类研究也较为多见。

转型期为城市空间研究提供了新的语境。吴启焰等研究了改革开放以来中国地域结构空间重组的基本特征；赵燕菁回顾深圳城市空间结构演化的成败得失；张晓平等探讨了开发区建设与城市空间结构演进的相互关系和动力机制。

计算机、遥感与 GIS 方法的引入增强了表现效果和计算能力，为城市空间结构演变的研究提供了强有力的支持工具。朱东风利用拓扑分析研究苏州城市空间发展，黎夏利用 CA 模型成功地模拟了珠江三角洲地区的城市空间发展布局。另外，很多学者基于 GIS 和遥感进行城市空间结构演变、土地利用与土地覆被变化（LUCC）、用地规模预测研究，积累了大量的研究案例，推动了城市空间结构演变的理论发展。

3. 城市空间动力机制研究

城市空间形成和演变的影响要素是多元的，这就导致空间动力机制的复杂性和多元性。不同时期、不同地域、不同社会背景下的城市空间形成演变的动力机制也各具特色。

张京祥等从结构增长、空间组织、增长过程三个方面，揭示了城市空间结构演化是建构在社会经济发展过程中的空间过程这一基本原理。杨荣南等总结出城市空间扩展的四种模式。张庭伟认为存在着 3 种力量驱使城市空间结构发生变化，即政府力、市场力和社区力；石崧则从行为主体、组织过程、作用力、约束条件等多层次逐步深入探讨了城市空间结构的动力机制。王开泳等认为城市空间结构演变的主要动力因子包括完善的服务和基础设施等离散因子。另外，也有学者探讨了水系、地形、用地制度等自然要素对城市空间结构形成和演变的作用机制。城市社会经济系统依托交通系统而运转，而城市空间结构则由城市交通网络所构筑。轨道交通等新型运输设备的出现，迅速改变了城市空间结构，两者关系的研究也因此成为热点。此外，还有从微观层面对城市空间结构扩展动力机制的探讨。

4. 城市景观与实体空间结构研究

城市景观与实体空间的研究涉及地理学和建筑学等领域，是一个多学科交叉的综合命题。

城市景观涉及生态系统相关理论，是景观生态学研究的新方向。宗跃光等对城市景观、城市生态系统与城市空间的关联性进行了广泛探讨。其他学者就高层住宅、地下空间、城市密度进行了探讨。

5. 城市经济空间结构研究

自城市诞生之日起，经济就一直是城市的主要属性，经济的发展水平和状况是衡量城市繁荣程度、城市实力的重要指标，而城市经济空间结构的研究，也是近年来一个研究热点。城市经济空间结构涉及城市产业经济的诸多方面，如城市商业空间结构，以购物空间结构、批发零售业结构为代表。

6. 城市社会空间结构研究

空间与社会本应就是两个难以分离的思考范畴，社会学也是城市空间研究的重要视角。

国内研究以王兴中的《中国城市社会空间结构研究》一书最具代表性。其他学者也利用人口普查数据等相关资料，以中国的几个典型大城市（上海、广州、北京等）为案例，就其社会空间结构进行了专门研究；其中，大城市社会和居住空间分异是一个热门的话题，研究成果颇为丰富。另外，城市人口空间结构和迁居也是社会地理学研究的一个热点，而就业空间分异是当前的一个热门话题。

7. 城市边缘区研究

城市边缘区由于特殊的土地权属和空间区位，成为城市扩展和空间变动最为剧烈的地带，成为研究城市空间变动的焦点。从 20 世纪 80 年代末，国内城市边缘区研究工作就逐渐展开。

8. 城市郊区化研究

随着城市社会经济的发展，郊区化成为一个典型的现象，从 20 世纪 80 年代以来，人口郊区化趋势逐渐明朗。利用人口普查数据，探讨大城市人口郊区化的客观事实，成为这一议题的重要方法。

9. 资源型转型与城市空间结构研究

作为特殊的城市类型，资源型城市空间结构的形成具有独特的过程，而现阶段资源型城市的转型也已经成为国家和各级政府关心的问题，深入研究资源型城市空间结构，探讨城市转型与空间优化之间的关系，也成为当前资源型城市转型和城市空间结构研究的一个独特视角，探讨的问题涉及资源型城市空间结构形成、演变和重构等多个方面。

10. 城市空间问题及结构优化调控研究

城市空间结构的优化是此议题研究的落脚点和归宿，而城市地理学研究的目的也在于更好地提升城市规划和管理水平，解决当前面临的突出问题。作为城市空间形成、演变研究的后续工作，众多研究者结合实际情况都提出了各自的看法，不乏新颖的见解，而经济学优化方法是一个重要的领域。一些学者研究了两者之间的相互关联，进而解释城市空间发展出现的一些问题。也有学者就城市空间优化进行专门的论述，如郑连虎指出，当前及相当长一段时期内，内外空间结构双重调整是中国城市空间结构演化的主要性质。另外，其他一些学者结合个案的具体问题，探讨了城市空间结构与形态整合的具体措施。

此外，近些年来，一些新视角和新方法不断涌现出来，丰富了国内城市空间结构研究成果体系，使城市空间结构的研究日益多元化。如空间句法、文化生态学、知识经济、全球化与市场化视角、外资、重大事件、空间感知与意象空间、信息化、物流、生态导向、复杂性研究、新城市空间、新城建设、网络化、都市区阴阳结构。

2.3

转型期城市空间结构研究进展

转型期成为当前城市空间结构研究的重要语境。中国的改革开放在各个领域都产生了广泛和深远的影响，城市发展也不例外。一方面，随着中国对外开放战略的全面实施，全球经济一体化对于中国城市发展的影响日益显著；另一方面，在从计划经济体制到市场经济体制的转型中，中国的土地制度和住房制度改革使城市开发模式发生了根本性变化。转型期的内在机理与特殊背景为城市空间结构的研究塑造了独特环境。

2.3.1　国外转型期城市空间研究

当前，发达国家和发展中国家都处于不同程度、不同阶段和不同性质的转型期。其中，西欧和北美的发达资本主义国家由于后福特制和柔性生产，而带来生产组织方式的转变，由此产生经济社会转型和城市空间结构变化。另外，"后社会主义国家"（post-socialist）社会制度的巨大变化，使主要城市发展的外部环境发生改观，城市空间发展在沿袭西方发达资本主义国家之余，也呈现出一些独特性。而对于中国而言，改革开放所带来的"渐进式改革"也在潜移默化地影响和改变着城市发展的外部条件，诱发了转型期城市空间结构的持续演变，这又迥异于西方发达资本主义国家、中东欧后社会主义国家。

20世纪80年代末，波兰通过政治和经济领域的深刻变革给城市发展留下了深刻的烙印。90年代初，学者们开始讨论"后社会主义国家"的城市，其特点包括：稍低的均质性、第三产业功能区的成长、CBD的扩张、城市边缘区新产业区、小型购物中心、街区贸易、非一体化购物中心、城市郊区化、城乡人口迁移、豪华型飞地住房以及绅士化。

美国是世纪之交城市演变的大舞台，20世纪末和21世纪初，具有显著性的变化包括：土地利用模式、郊区居民单一家庭化发展趋势，人口变化、种族歧视和隔离，私人交通的增长，城市边缘区大型零售和娱乐中心的落户。这种变化在空间和社会属性两个维度运行，预示了半城市化地区的出现。在这些变化中，一个至关重要的要素就是从福特时代到后福特时代的转型。福特制时期的城市主要特点包括：强力的集聚过程、超级市场的增加、郊区化以及内城的衰落，而且这些过程在私人交通增长下，发展更为迅速。

在这种情况下，很多学者有意无意地暗示了城市蔓延的出现。早在20世纪60年代，美国的研究就描述了这种失控的郊区增长甚或城市蔓延现象。90年代，研究者发现城市空间结构向周边区域的扩张已经成为常见甚至是普遍的趋势。城市蔓延成为一个社会空间现象，其社会属性经由郊区或者郊区居民的人口统计学属性、生活方式而得到揭示。

后福特制引起了内城结构的变化：绅士化、财富飞地、私人城堡和少数民族聚居区。20 世纪 70 年代的经济转型在以下方面改变了美国城市：第一，少数民族聚居区成为隔离空间；第二，边缘城市扩张；第三，具有独立设施和服务的豪华居所在城市中心集聚。这种城市化方式引起了生活方式的改变，产生了新的邻里形式（门禁社区），引发了所谓的边缘城市及其居民等新问题。郊区生活的高度趋同，包括建筑和社会形式，都引起了研究者的关注。美国的研究者试图探究是否可以创建没有郊区的城市，从而缓解或消除城市蔓延的不良后果。

21 世纪，城市蔓延仍然是一个热门话题，而且现在的研究与城市内部结构及其演化过程紧密联系。学者们都提及了此类美国城市的关键问题，诸如城市中心区的发展、种族隔离、收入差异、开放空间的毁灭和再生、耕地的非农化、社区的衰败以及犯罪。

关于美国城市内部结构变化的讨论总是带有一些欧洲的色彩。在英国研究者的文献中，可以发现学者们呼吁在城市中心区建设全新的再生空间，使其成为新的城市地标。城市蔓延的控制和内城的衰败是整个 20 世纪英国城市最为关注的问题。近些年来，一些社会群体逐渐浮出水面，如所谓的"空巢家庭"、单亲家庭、丁克家庭和同性恋将会返回拥挤的城市，市中心的一所公寓逐渐成为吃香的财产。中东欧的学者也参与研究城市内部结构的变化和城市蔓延的话题，尽管规模比较有限。

在布拉格，20 世纪 90 年代晚期有 3 种城市变化的过程最为明显，即历史街区的商业化、一些内城邻里关系的复兴以及外城居住和商业的郊区化。在捷克学者所提及的商业化现象中，最为主要的表现形式就是土地利用的强化。同时还有内城邻里关系的复兴。

在波兰，除华沙以外，其他城市的郊区化较为混乱，尽管这些城市也经历了人口的外流、单一家庭住户和私家车的增加，以及投资的郊区化。到 20 世纪 90 年代末，单一家庭住户的数量更为凸显。除了人口空心化之外，波兰大城市同时也经历了高度混乱但与众不同的一些过程，如绅士化、复兴、高强度土地利用、商业化和社会隔离。

2.3.2　国内转型期城市空间研究

改革开放 30 多年来，经济体制等领域的改革和转型为国内学者研究城市空间结构提供了独特的视角，形成了一大批研究成果。中国目前处于"制度转型"时期的基本事实，是我们进行城市空间结构研究的基本出发点。

张京祥等建立了转型期中国城市空间重构的一个制度分析框架。冯健分析了 1982～2000 年北京都市区社会空间分异特征，探讨了转型期北京社会空间分异的重构特征。周春山等总结了转型期中国大城市的社会空间结构模型。李志刚对转型期上海城市空间重构展开研究。杨文探讨了转型期中国城市空间结构重构的问题。刘玉亭分析了城市贫困阶层的居住空间、日常生活空间和感知空间。

魏立华等认为社会经济转型期中国城市的转型由市场取向的制度转型（market-oriented institutional transition）、乡城迁移（rural-urban migration）和"全球化力量"（globalizing forces）所推动；或者说市场化改革、迁移和全球化（market reform，migration and globalization）成为中国城市转型面临的三大挑战。中国城市转型并不是一蹴而就的，从再分配经济向市场经济的转型仍在进行中，也就是说市场转型与制度惯性并存。社会主义中国城市是"社会主义原则"下的渐进式转型，而非中东欧国家城市从社会主义城市急剧转型为资本主义城市的"休克疗法"。尽管中国城市的市场化改革促使单位制逐步瓦解，居住地与工作地逐渐分离，"自给自足的单位混合体"逐渐为"隔离且分散的商品住房"所取代，新的分类机制（the resorting machanism）正产生着新的社会空间分异，尤其是不断加剧的社会阶层化所促发的居住隔离等。但制度的惯性依然强大，实物分配性的单位制的瓦解，这并不表明"工作—居住—生活空间统一"的单位制居住模式寿终正寝。

2.4

主要问题

由于国外城市地理学起步较早，已经形成了较为丰富和多样的研究体系。特别是在城市空间结构模型和城市社会学等方面，更是取得了丰硕和成熟的研究成果。与国外研究体系相比，国内研究还存在以下几点不足：

第一，尚未形成完善的理论体系。

国内关于城市空间结构的研究始于 20 世纪 80 年代，90 年代进入上升期，21 世纪以来进入快速发展和多样化时期。但是由于理论沉积时间短，部分资料的获取难度大，对于城市空间结构的研究，并未像郊区化那样，形成中国特色的专门化理论。

另外，对于城市空间结构的综合研究成果，还较为缺乏，不同学科之间的分异较大。传统的城市空间研究以外部形态见长，而研究者也以建筑学家和城市规划学家为主。经济学者对于城市空间的研究，则侧重经济过程分析和原理探讨。社会学则通过社会调查和制度分析等方法，构建城市社会地理空间的抽象结构。地理学家对于城市空间结构的研究，则是以城市地域空间布局和功能分区为重点。

第二，对于转型期特殊语境的认识还有待完善。

改革开放以来，中国所处的转型时期的特殊环境，不仅仅是从计划经济向市场经济过渡这样简单，而是具有更为深刻的内涵和丰富的外延。换言之，对于转型期语境的解读，不能仅停留在国内个别制度改革和调整的层面，而应扩展到全球化的宏观经济重构和个体的观念转变等多个角度，才能对转型期的基本特征和问题获得全面认识。

第三，对城市空间结构要素的理解需要丰富。

城市是一个开放式巨系统，具有高度的复杂性，城市空间结构的组成要素也是多方面的。随着时代的变迁，城市空间结构的内涵也在扩充之中，在全球化和信息化快速发展的今天，对于城市空间结构的理解更应当融入时代的脉搏。

城市空间结构具有物质性和社会性双重属性。一方面，自然生态和人工建筑（包括土地）构成了城市的物质载体，形成了人们对于城市的直观印象，是空间的第一反应；另一方面，城市空间有别于纯粹的自然生态系统，具有明显的"第二自然"特征，人类活动和干预使城市空间具有社会性和经济性。因此，对于城市空间结构的理解，需要涵盖多个领域，如物质的、经济的、社会的和文化的。

随着外部环境的变化，城市空间的内涵和外延也会发生相应的变化。国外对于这一议题的研究，从初期的结构化、功能分区，到社会化和人文关怀，以至于后现代城市空间的研究，体现出研究视角的转变和丰富。同样，随着全球化和信息化的到来，实体化和单一化的城市空间逐渐被突破，虚拟空间成为特殊的类型，逐渐受到关注，这应当融入城市空间结构的概念体系中来。

第四，城市空间结构演变机理和调控需要多角度综合解析。

城市是一个完整的有机体。对其空间结构演变机理的认识，以及调控对策的选择，都要综合考虑多个角度，以提高认识的客观性和科学性，单一角度的理解和举措，都有可能存在不同程度的偏差。

城市空间结构的演变机理，受到所处的时代背景和社会特征的深刻影响，对它的认识，就要紧扣时代特征，把握内外层次，用相对完善的体系来加以分析。

科学调控对策的制定要建立在几个基础之上，包括现实问题的识别、发展取向的研判以及发展环境的分析。这样，才能够提升对策的针对性和积极性，达到预期的效果。

2. 5

本章小结

　　本章简要回顾了国内外对转型期、城市空间结构、转型期城市空间结构三个问题的研究脉络。通过横向对比和纵向延伸，探讨了国内对于转型期城市空间结构研究的进展，发现其中需要完善之处，如理论体系、转型期语境识别、城市空间要素解析和机理调控的综合分析等，为后面的理论构建、实证分析和机理调控奠定基础。

第 3 章

理论溯源、语境解读与范式建构

> 三十辐共一毂，当其无，有车之用。埏埴以为器，当其无，有器之用。
> 凿户牖以为室，当其无，有室之用。故有之以为利，无之以为用。
>
> ——《老子·道德经》

本章首先探讨城市空间研究所依托的理论基础，以此作为构建分析框架的基点。随后对转型期语境进行深入解读，明确转型期的独特内涵，转型的空间响应以及衍生的城市问题。进而，就空间、城市空间结构的理论基础进行深入探讨和对比分析，界定本书研究对象的基本内涵，进行概念分析、内涵思辨与范式建构，形成本书的研究框架与组织体系。最后，对本书研究过程中所涉及主要案例的城市基本特征进行概述。

3.1

理论溯源

城市是一个复杂的开放式巨系统，城市空间结构是城市自然生态、建筑实体、社会经济和风俗文化的综合反映和集中体现。这就使城市空间结构具有一定的复杂性，对于其形成和演变的探讨，涉及社会经济生活的多个领域。因此，在进行转型期城市空间结构研究时，不仅要明确城市空间结构的本质内涵，更要拓展研究角度，以多种学科交叉研究作为根本手段。

3.1.1 空间结构

地理学是空间的科学，空间结构与区域差异是地理学的核心研究内容，而城市空间结构更是城市地理学和城市规划学科共同关注的问题。

空间一直是地理学的研究传统。作为近代地理学开拓者，洪堡对区域差异和空间特征的关注，让人们对全球的空间差异有了直观的印象，《宇宙》一书的完成也成为包罗万象的空间集合。随着人们对空间研究的细化和实用化，单一的或抽象的空间结构模型，成为产业布局或空间要素分布的经典论述。杜能的农业区位论、克里斯塔勒的中心地理论，都是现实结构的凝练与抽象。

随着生产组织方式的变革和土地资源稀缺性的凸显，国土开发和经济布局规划，成为国家和地方关注的焦点，宏观的空间结构成为国家发展政策的直观表达。增长极理论、点轴模式与网络模式，成为区域经济发展过程的经典描述和高度概括。

对于城市尺度而言，空间结构的表达往往关注于要素的组织和微观布局。一方面，城市空间结构是城市规划的重点环节，对于城市的发展远景，都可以通过空间形式来表达，如北京市的"分散集团式""两轴两带多中心"，天津市的"双港双城"等。本质上是对现实要素的抽象和概括。更为微观的城市规划布局，可能涉及建筑的分布、设施的配置与要素的连接等，在建筑群结构和控制性（修建性）详细规划中有所体现。

另外，通过对城市空间要素的抽象与概括，可以形成结构模型，这也是很多学者常用的表达形式。这实际上是芝加哥学派的城市空间结构模型所留下的深刻烙印。通过对人口等要素分布的考察与统计，以伯吉斯等学者为代表的芝加哥学派，将空间要素进行抽象表达，得到城市空间结构的代表形式，同心圆、扇形和多中心模式（见图 3 - 1）。后来的研究者在此基础上，延伸出多种不同结构、涵盖不同要素的空间模型，但模型构建方法本身具有较多的相似性。

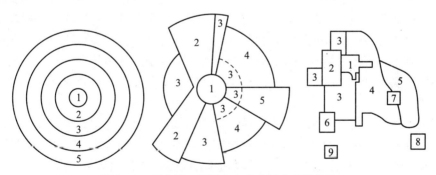

图 3 - 1　同心圆、扇形与多核心城市空间结构

资料来源：http://baike.baidu.com/view/1728785.html。

对于城市空间结构的考察，不仅要考虑构成要素，如建筑、土地、产业等，还要考虑其动态变化与内在机制，以及空间与外部的互动联系，而不应局限在既有的研究视角中。这样，才能够使城市空间的研究更为丰富化和全面化。

3.1.2 级差地租

级差地租是城市地域结构形成的根本原因。马克思认为，土地为了再生产或采掘的目的而被利用；另外，空间是一切生产和一切人类活动所需要的要素。土地所有权都要求得到它的贡献。"伦敦街道铺砌石头路面，使苏格兰海滨一些不毛岩石的所有者，可以从一向没有用的石头地得到地租。"

级差地租具有不同的表现形式：一种是由于土地资源的自然特性差异，引起的租金差别。另一种则是由于地段的差异，由城市中心向外围而形成的递减趋势，阿郎索的级差地租模型对此有直观的表示。当然，交通线的出现，可以改善沿线的区位条件，使地租的变动呈现轴向分布。

在计划经济体制下，城市土地多采用划拨方式进行分配，与市场机制和价值规律相偏离，造成了土地利用的低效和无序。随着市场经济的逐步确立，地租在塑造城市地域空间格局方面的作用得到确立和加强，这也显著地改变着城市产业的宏观布局，如中心区工业企业的外迁与结构升级，很大程度上就是地租作用的结果。

3.1.3 复杂系统

复杂系统是系统科学的一个概念，是相对于初期线性科学的简单系统而言的。一般而言，简单系统具有少量的结构变量，而且变量之间的联系和耦合程度较低，容易进行识别和描述，如封闭的气体。相对而言，复杂系统的变量就拥有较大的规模，变量之间的耦合关系复杂。另外，复杂系统的每个变量，往往具有一定的"智能性"，能够进行自适应和自组织，如生态系统中的捕食者、城市交通系统中的司机等。

城市是一个复杂巨系统。除去城市管理和城市规划的"他组织"作用，城市空间要素的自组织，在系统演化过程中发挥着不可替代的作用。转型期的城市空间跃动，就是从一个稳态向另一个稳态的跃迁。对于城市空间的认识，应该建立在对多个变量识别和分析的基础上。

3.1.4 产业演进

产业结构是一个区域各种产业之间的比例关系，反映了这一地区产业发展的阶段特征和经济特性。随着社会经济的发展，产业结构也将不断发生演进。

　　不同的社会阶段拥有不同的产业结构特征。在传统的农业社会，个体经济占据主导模式，农业生产处于主导地位。在工业化前期和中期阶段，第一产业的比重逐渐下降，第二产业比重不断上升。进入到工业化中后期，第二产业在整个经济中处于主导地位。而随着后工业化时代的来临，第三产业成为新的经济增长点，逐渐超越第一产业和第二产业，成为国民经济的支柱。

　　产业宏观布局与产业演进有着紧密的联系。一方面，产业宏观布局是产业结构的外在表现，引导着产业结构的升级和优化。国家或城市通过一系列优惠政策，给予特殊行业或产业以支持，特别是通过税收、用地和基础设施调节，加快发展某些产业，引导产业升级。另一方面，产业演进是产业宏观布局的微观基础。随着产业结构的升级，新兴产业对用地空间的占有力加强，原有的用地类型发生转变，为新兴产业创造发展空间。

　　转型期大城市产业结构发生巨大变化，第二产业和第三产业相继进入跃迁阶段，深刻地改变了城市既有的产业组织模式和空间布局。

3.1.5　核心边缘

　　核心边缘结构是地理空间中较为直观的一种组织形式。"核心—边缘"理论是由弗里德曼在 20 世纪中叶提出的，也称为中心—外围理论。

　　根据这一理论的解释，空间组织与经济阶段是相互关联的。在工业化前期，资源流动较少，区域彼此孤立。工业化起始阶段，边缘生产要素流入核心，核心区与边缘区的差异化加大。在工业化成熟阶段，核心区要素向边缘扩散，边缘区出现次中心，虽然规模远小于核心区，但核心区与边缘区的差距开始缩小。进入后工业化阶段，资源要素达到自由流动的程度，次中心规模逐渐扩大，区域发展均衡化，直至出现空间一体化。

　　实际上，在城市空间构成上，城市外围与中心区的关系也表现出同样的过程。在进行城市空间结构分析的过程中，不仅要关注城市内部结构，还要拓展视角，从"城市—区域"的角度审视城市空间与外部的联系和交换。

3. 2

转型期语境解读

　　社会转型是人类社会发展过程中的周期性变动。每一种社会类型的变迁，都伴随着社会结构的深刻转换与意识形态的深入变化。

　　中国当前的转型期具有独特的历史内涵，这既不同于"激进式"社会变迁，也并非完全的"渐进式"推进。它是由外部环境和内在机制共同形成的。全球化是其外在环境，市场化是其内在机制。全球化引发市场化和现代化的步伐，进而引起经济体制、社会结构与文化观念的潜移默化。

3.2.1 演化、进化与突变

演化、进化与突变，是与转型相对应的几个概念，分别就地质、生物与物质结构的外在变化和内在机理重组的描述。

演化常用于描述地质时期、地质地貌的形成发育以及生物整体的高级化过程。这一过程通常用地质年代来衡量，具有很大的时空跨越性。进化常见于对某一类生物种群变动的微观描述，如马的进化与现代马的形成过程就可以用进化来进行描述。这种过程与生物体自身有很大关系，具体时间也有较大差异。另外，物质结构的变化通常可以用突变来形容，如晶体结构的重新排列、电子的跃迁等，微观的结构可以改变物质的形态和性质。同样是碳的排列，不同的结构就可以出现金刚石与石墨的巨大差别。

转型是事物的结构形态、运转模式与内在机制的转变。转型是一个求新求变的过程，即"穷则变、变则通、通则久"。对于城市发展而言，转型包括两个含义：一是作为城市发展外部的转型语境，如中国改革开放以后的特殊历史时段；二是针对城市自身的转型，如资源型城市转型。本书是侧重于前一种概念的探讨。

3.2.2 转型期特殊语境解读

中国当前的多重转型，包括"环境转变、经济转换、观念转移、社会转型和体制转轨"这五个方面，其发展过程也是顺次进行的。

全球化的快速发展，带来了市场化和现代化的深刻需求。各种生产要素的流动加快，跨国资本的运作加强，城市与外界的联系加大，城市本身的自由度也突破了计划经济时代的限制，级差地租对于城市地域结构的干预加强，既有的模式发生深刻变革。

随着市场经济的逐步确立，产业结构与宏观布局发生变化。郊区耕地非农化显著提升，建成区不断扩大，建设用地的比重持续提升，城市土地空间的异质性程度加强。大城市核心区工业企业外迁，为新产业营造发展空间。特别是进入21世纪以来，大城市第一产业、第二产业的比重普遍下降，第三产业的比重显著提升，发展速度加快，显示出巨大关联带动作用。

随着市场经济的深入发展，个体观念发生潜移默化，人们的主观能动性得到极大发挥，个体的价值体系、行为方式和生活品质追求都发生了显著变化。个体需求多样化，空间需求品质的高级化，从 20 世纪八九十年代的"宁要城里一张床，不要郊区一套房"到理性选择居住地。

个体观念的转变与市场经济的发展，促进了社会转型与特征转变。通过所有制改革的逐步实施，人们的收入水平发生极大变迁，效率与公平成为人们最为关心的话题，平均主义的时代一去不复返。社会阶层发生变动，从"两个阶级一个阶层"到多层次的阶层结构，社会空间分异程度加深，社会治理的难度加大，为城市管理提出了更高的要求。

相较于外部环境和生产组织方式的变化，体制转轨则表现出一度的稳健态势。在这种"摸着石头过河"的创新性探索过程中，没有既有经验的指导，势必会采取积极审慎的态度，以社会稳定为基本前期，进而推动各项制度的改革，如户籍制度、土地制度等，都是在"实践—总结—再实践—再总结"的过程中进行的。换言之，体制转轨和转型并不是一蹴而就的。

3.2.3　转型响应与城市问题

随着市场经济的确立和土地制度的完善，中国进入转型时期。转型期城市发展外部环境和内部要素都发生重大变化，进一步引发城市转型，诱发出很多城市问题。这些问题既具有转型阶段的一般特征，也表现出中国特有的本土化特色。

例如，改革开放以来，尤其是进入 20 世纪 90 年代以后，城市化速度进一步加快，城市建设速度也持续提升。高人口密度的中央商务区和摩天大楼成为城市现代化的重要表征。然而，现代建筑群的涌入与泛化，正在侵蚀城市传统风貌，改变着历史沉淀的建筑格局，孕育了马赛克化的城市建筑空间。旧城保护与历史文化传承，成为这一时期的一个沉重的话题。

土地制度逐步完善，土地征用、土地储备、土地使用，以及土地的"招拍挂"政策都相继出台，市场交易日益规范化。但由于制度之间的空隙，土地市场还有不健全之处。例如，城市土地属国家所有，而农村土地归集体所有；那么，城市边缘区就是一个特殊的区域。土地权属的混乱、低密度开发、城市蔓延的普遍存在，都降低了城市土地利用的集约度和经济价值。

又如，面对人口郊区化的宏观趋向，大城市纷纷提出建设"副中心"或"边缘集团"。但事实上，由于缺乏经济活力，次中心功能趋同，配套设施缺乏，生活品质较低，就业机会相对较少，很多的次中心并没有真正地发展起来。

3. 3

范式建构

转型期为城市空间问题的探究提供了新的语境，而既有的理论模式难以充分解释其内涵、演变与内在机理，更是难以全面地把握调控对策和优化方法。因此，新的研究就必须回归到问题的本质——城市空间上来，立足转型期的特殊背景，深刻解析城市空间结构的内涵，建构真正符合现实情况的理论范式，才能够规范研究的过程，提升科学性和有效性。

3.3.1　概念分析

空间是结晶化的时间，空间具有物质性和社会性双重属性。时空关系不仅是地理学关心的话题，更是哲学讨论的重要范畴。欧几里得认为空间是无限、等质的，是世界的基本次元之一；亚里士多德认为，空间是一切场所的总和，是具有方向和质的特性；牛顿认为空间是实质的，其存在不受时间和出现的事物的影响；康德认为空间是独立于人类理解力的先验范畴。20 世纪 70 年代，新马克思主义地理学者亨利·列斐伏尔提出了空间生产理论。空间不是一个既定的存在，而是在人类主体的有意识活动中不断生产出来的。它既是形式的，也是物质的。

对于城市空间结构的内涵和外延，不同时代的学者有着不同的见解（见表3－1）。从概念的本质特征来看，对于城市空间结构的理解，要把握三个尺度：第一，构成要素。这也是最为基本的层面。实际上，城市空间结构不仅仅具有物质性，更重要的是由于每一个个体的参与和组织，而表现出迥异于自然环境的社会特征。第二，空间维度。这决定了对城市空间本身认识的深刻程度。从本质特性来看，"空间"就是一个三维的东西。传统的经济地理学研究，如农业区位论和工业区位论，为了模型构建的需要，都进行了抽象假设；在很多模型里，空间被划定为一个均质的二维平面，类似于"陆地表层"的一些特征。然而，这与现实情况是不相吻合的，因为在现实生活中，社会经济要素和交换都是发生在三维层面上的。另外，时间也是重要的坐标系，离开了时间去单独探讨空间问题，很有可能陷入发散性的不可知论。第三，空间尺度。尺度是地理学和生物学中的重要概念，在不同尺度下，对于事物的认识程度可能存在很大差异，即"横看成岭侧成峰，远近高低各不同"。那么，对于城市空间的探讨，是集中在城市内部，还是广延到外部，就成为研究视角和结论的"分水岭"。从现实情况来看，国外是以城市内部结构来进行对待，即明确地提出城市内部空间结构的特征和研究视角。在中国，就此问题有两种倾向：一种是城市内部空间，如以建成区或都市区为地域单元；另一种是城市外部空间，或者说是城镇体系。这两者构成了城市空间研究的全部，在城市规划的结构中得到最明显的体现。然而，随着城市经济的扩展和区域一体化的推进，行政区意义上的城市空间已经不能反映全部的问题。这样，就必须进行尺度转换，一方面，延伸研究内容，立足整个行政区范围；另一方面，探讨在城市的影响区内，城市空间与外部的联系、空间外溢特征。

表 3 – 1　城市空间结构典型释义

学者	内涵
Foley	"四维"城市空间结构的概念框架：文化价值、功能活动和物质环境三种要素；空间和非空间两种属性；形式和过程两个方面；时间特性
Bourne	城市形态和城市相互作用
Harvey	从其表征看，是城市各组成要素的特征和空间组合布局；从内涵看，它是人类的经济、社会、文化活动在历史发展过程中的物化形态
Knox	反映了城市运行的方式，既把人与活动集聚到一起，又把他们挑选出来，分门别类地安置在不同的邻里和功能区
亚历山大	城市空间结构是由一种与特定事件相联系的、具有某种内在精神的关系模式所构成的网络
芒福德	城市既是多种建筑形式的空间组合，又是占据这一组合的结构，并不断地与之相互作用的各种社会联系，各种社团、企业、机构等在时间上的有机结合
胡俊	从其表征上看，城市各组成物质要素平面和立体的形式、风格、布局等有形的表现，是多种建筑形态的空间组合格局；从其实质内涵上看，是一种复杂的人类经济、社会和文化活动在历史发展过程中的物化形态
柴彦威	各种人类活动与功能组织在城市地域上的空间投影
顾朝林	城市形态和城市相互作用网络在理性的组织原理下的表达方式
朱喜钢	将城市以中心区为主的建成区看作城市的内部空间结构，城市郊区卫星城等就是城市的外部结构
谢守红	城市空间结构是指城市中各种要素的空间位置关系及其演变的特征，是城市发展程度、阶段和过程的空间反映
冯维波	城市自然要素、城市物质要素、城市经济要素和城市社会要素

资料来源：根据相关作者文献进行整理。

　　由此，城市空间结构可以定义为，在城市所辖范围内，城市自然生态、人工环境与社会经济文化要素相互耦合，形成并不断演变的，具有一定秩序的四维有机整体和过程；以及这一整体，借助交通和信息渠道，通过经济联系和空间外溢，与城市外部区域所发生的物质和能量交换过程。

这一概念包括四个关键点：一是城市空间结构具有物质性和社会性的双重属性，是多元要素的有序融合；二是城市空间结构不仅是静态的要素组合，还包括要素间相互作用的动态过程；三是城市空间不是平面的和二维的，而是涵盖三维空间和时间的四维结构；四是城市空间结构并不局限于内部的演变，更是通过物质和能量交换，与外部区域形成广泛的联系。

3.3.2 内涵思辨

城市空间结构内涵的丰富性，使其构成内容具有复杂性和广延性特征。从地理空间本体构成以及城市系统的自身特性来看，城市空间结构的要素层次可以概括为"双层次、四维度、七要素"。"双层次"指内部空间重组与对外空间扩散，"四维度"指空间三维外加时间维，而"七要素"包括生态空间、实体空间、经济空间、社会空间、文化空间、虚拟空间以及围合空间。

城市空间结构是城市聚落中的各种要素耦合而成的复杂体系，同时它也是城市文脉沉淀而成的历史结晶。生活在城市中的人们，通过自己的行动改变着城市的每一个小环境，塑造了动态变迁的城市空间，使其在保持相对稳定性的同时，向着新的方向不断跃迁。城市空间结构具有整体性、复杂性和层次性，动态性与自组织性，历史性、继承性和地域性特征。

城市空间由于有人的参与，成为独特的"第二自然"，它与几何空间、物理空间、自然生态空间存在着显著的差异。同时，城市空间结构是城市发展与建设的核心内容，它与城市规模、城市功能和城市竞争力有着深刻的内在关联性。

1. 城市空间结构的主要内容

城市空间结构可以概括为"双层次、四维度、七要素"。所谓"双层次"，即城市空间结构的研究应包含城市内部结构以及城市空间与外界的联系两个层次，这样才能够较为全面地反映城市空间结构的本来面貌。"四维度"是指在三维空间上，累加时间维，即城市空间的形成和演变，是三维空间在时间维度上的推移。"七要素"对城市空间要素的概括与凝练，即生态空间、实体空间、经济空间、社会空间、文化空间、虚拟空间以及围合空间。

一般而言，对于城市空间的理解往往包含两个层面，或者是两种视角，一种是物质的（显性的），另一种是社会的（隐性的）。物质层面涉及自然生态和实体空间，自然生态空间是城市生存和发展的基础，人们在从自然生态空间获取资源的同时，还显著地改造或创造着新的生态空间，如大小不一的城市绿地、廊道和水域沟渠，这些都显著地改变了城市的原有风貌，形成了富有特色的"第二自然"。实体空间是指由人工建筑物和土地资源共同形成的城市"身体"，这是各种经济要素和社会活动的物质载体。

社会层面涉及社会、经济和文化空间。社会空间涉及人口的空间分布及分异，经济空间涉及产业结构及布局，而文化空间则较多地通过建筑等实体或符号来进行表达，社会、经济与文化是紧密关联的三个方面，特定的社会背景下，社会经济与文化交织成有机的整体，反映出时代风貌。如图 3 - 2 所示，清明上河图中所描绘的汴京，展示出北宋都城日常社会生活与文化风情。通过历史的画卷，可以透射出都城的繁华与旺盛的经济活力。

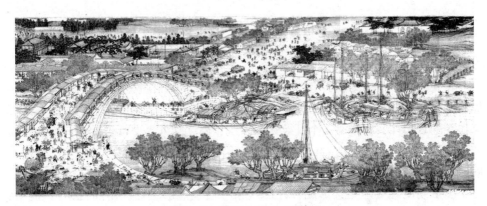

图 3 - 2　清明上河图（局部）

资料来源：http：//www．baawww．com/members/images/upimages/20091031/2009103109590661．jpg。

随着信息社会的发展，虚拟空间进入日常的工作和生活中来，改变了人们传统的生产与生活组织方式。随着宽带网和无线网的普及，家庭办公已经成为大城市一些公司的组织模式。而在日常生活中，人们也可以通过网络，实现远程对话和网上购物，这形成了与城市实体相对应的虚拟空间。

此外，还有一类特殊的空间，就是在某种意义上说真正纯正的"空间"，即围合空间。《道德经》言："三十辐共一毂，当其无，有车之用。埏埴以为器，当其无，有器之用。凿户牖以为室，当其无，有室之用。故有之以为利，无之以为用。"这类空间类似于绘画的"留白"，是当前城市规划中容易忽略的内容。

城市空间结构的七要素模型如图 3 - 3 所示。

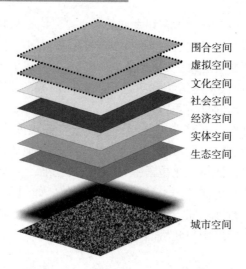

围合空间
虚拟空间
文化空间
社会空间
经济空间
实体空间
生态空间

城市空间

图3-3 城市空间结构的七要素模型

2. 城市空间结构的基本特征

首先，城市空间结构具有明显的整体性、复杂性和层次性特征。整体性源于城市系统整体的有机构成，而复杂性突出表现在构成要素的多元性，以及要素相互作用的复杂性。城市是一个开放式巨系统，始终与外界进行着能量交换和物质转移，这种过程使城市的面貌和内在要素不断地发生变化。另外，复杂的城市空间并非是杂乱的，而是通过不同层次的约束，形成有条不紊的空间秩序。简言之，多重制度对空间要素形成较好的约束，使其能够按照一定的规律排列。例如，级差地租能够筛选不同地段的产业类型，进而形成功能分区。

其次，城市空间结构具有动态性和自组织性。自城市形成之时，它就没有停止过发展和演变。也许当一个城市真正停止演变时，它就失去活力，失去存在的价值和意义。城市系统的构成要素相互作用过程具有一定的自组织特性，也许从微观的角度难以发现，但上升到中观或宏观的层次，就可以明显地发现这一特点。事实上，人民群众是推动历史车轮的真正力量，正是通过单体细胞的活力和嬗变，才成就了城市演变的历史神话。

最后，城市空间结构还表现出明显的历史性、继承性和地域性。历史性是指特定的社会发展阶段，拥有相应的城市空间，奴隶社会的私有城堡、封建统治阶级的神祠宗庙，以及工业时代的厂房机器，都显示出深刻的时代烙印。继承性是指城市空间结构的演变是一个相对稳态的过程（不排除战争的毁灭与重建），这种惯性特征突出地表现出建筑风格和人的价值观念等方面。地域性很容易理解，由于地域和环境的差异，城市空间结构表现出显著的差异。例如，重庆的山地城市结构、北京的半山城市结构，以及天津的滨海城市结构，对于自然环境的依赖性都较为明显。每座城市都有其独特内涵，也都有属于它独特的空间结构，空间不仅是物质形态的问题，而且也是历史形成的城市创造力和城市精神的表现，即城市空间结构体现了城市和社会的理想、经济、信仰、制度、伦理和价值观。因此，在研究城市空间结构时，应在因素解析的基础上，把握一般共性规律；同时，还要结合其自身属性，反映城市的特定空间特质。

3. 城市空间与几何空间、物理空间、自然生态空间的显著差异

几何空间、物理空间和自然生态空间是三种较为常见的空间类型。几何空间以笛卡儿坐标系为重要表现形式，物理空间涉及经典时空观、相对论时空观与量子时空观，而自然生态空间则是较为直观的一种类型，涉及水圈、岩石圈和生物圈的构成要素。

几何空间通过坐标原点和坐标系，建立坐标，来组织和计算空间点之间的相对位置。根据两点的坐标，可以迅速地计算出两点之间的距离。

经典时空观以牛顿为代表，认为空间是绝对的。爱因斯坦改变了绝对空间的看法，并指出空间的相对性和转换规律。量子时空观是对于时空对称结构的深入探讨，量子时空是实物粒子和场量子存在的形式（即存在方式）和存在状态。

自然生态空间是由外在的自然环境和生活于其中的生物体共同营造的，这也是最为直观的一种空间类型。自然生态空间通过植物的光合作用，大豆根瘤菌的固氮作用，与无机环境进行能量交换。

与上述空间相比，城市空间是一种直观的空间类型。它具有其他几种空间的共性特征，如空间定位、物质交换与能量流动等。另外，它又具有自身的独特性，突出表现在人的加入，使这一空间具有明显的社会属性和主观能动性。对于城市空间结构的研究，要综合物质空间定位，以及社会空间分析。

4. 城市空间结构与城市规模、城市功能、城市竞争力的横向关联

作为城市的衡量标准与基本属性，城市规模、城市功能、城市竞争力与城市空间结构有着紧密的横向关联。

城市规模是衡量城市大小的指标，通常用人口或用地来表达。各个国家由于划分标准的不同，特大城市、大城市与中小城市的定位存在显著差异。但一般而言，随着城市规模的扩大，人口和用地规模的激增，城市空间结构呈现外延式扩展和内涵式重组。一方面突出表现在建成区的迅速扩大，城市边缘区用地的急剧改变以及人口密度的显著提升；另一方面主要包括城市能值的提升，产业结构的

优化升级等。

城市功能，又称城市职能，是指由城市系统构成要素所决定的城市机能，突出表现在城市在国家或某一区域范围内政治、经济、文化等方面的作用和地位。城市空间结构决定城市功能，而城市规划对于城市功能的界定，又反过来能引导城市空间结构的进一步发展。

城市竞争力是衡量城市综合素质的指标，意指城市组织资源要素，参与区域竞争，获得发展机遇的综合可持续能力。合理的城市空间结构能够显著地提升城市竞争力，如合理的土地利用配置可以提高资源配置的效率，良好的建筑风貌能够塑造城市软实力。杂乱无章的空间结构将会在不同程度上影响城市竞争力的综合发挥。

3.3.3　范式建构

转型期的特殊语境，使当前城市空间结构的研究，具有特别的意义和独特的内涵。城市系统无疑是复杂的，而转型期的种种表象又容易让人产生错觉，如何科学合理而又客观有效地对转型期城市空间结构进行研究，就成为一个关键问题。而构建科学研究的范式，是促进研究规范化与科学化的有效方法。因此，在总结一般范式和地理学范式的基础上，结合城市空间结构内涵外延，立足转型期背景，可以建立转型城市空间范式。

范式建构的主要目的，并不是要标新立异，而是立足客观实际，形成较为完善的分析框架，为实证分析、机理分析和调控对策的提出奠定理论基础。同时，范式的建构不仅仅局限于各种方法的采用，而是回归到城市本源上来，结合实际问题，对研究方法进行遴选、组织和规制，形成一套完善的方法论体系。

1. 范式的基本特征

20世纪中叶，美国科学哲学家库恩提出"范式"（paradigm）和"范式转换"的概念，用以描述科学研究的共同点，以及科学共同体的一般特征。前者包括某一领域的概念、理论和方法，而后者则表达了科学共同体的价值取向和方法喜好。范式的提出具有两方面的重要意义：一方面，范式能够表达出一种理论框架，这吸引相关研究者通过新的观察和实验，获取新的成果和认识，来不断完善这种范式；另一方面，范式能够提供一种思维的框架，指导后续的研究，从而实现知识积累和成果增长，使相关领域不断壮大。

2. 地理学基本范式

地理学特别重视范式的总结和积累，随着研究视角的丰富化，地理学研究出现了很多范式，如环境决定论范式、人类生态学范式、区域主义范式、空间主义范式、人文主义范式、行为主义范式、结构主义范式和新马克思主义范式等。不同的范式在地理空间认识、方法论和表达形式上，都存在着一定的差异。各种范式拥有关注的重点和独特的研究方法，有助于增加对事物的多角度认识。但过分执着于单一范式，研究结果的可信度和普适性可能会受到质疑（见表3-2）。

表3-2　　　　　　　　　区域范式、空间范式与人文范式的对比

名称	代表人物	基本观点	主要方法
区域范式	赫特纳、哈特向	地域差异和综合研究	地图
空间范式	谢弗尔、加里森	数量化与法则	计量模型
人文范式	胡塞尔、雷尔夫、段义孚	经验世界	现象学

3. 转型城市空间范式

转型城市空间范式，出发点是"转型"，研究对象为"城市"，研究内容为"空间"，包括演变过程解析、影响机理分析和调控对策制定三个相互联系的部分；是以转型期特殊语境为背景，通过一系列技术手段，解析转型期城市空间演变的过程和基本特征，进而通过多层面的因素搜寻和整理，探讨这种演变的内在机理。最后，结合现实问题、发展取向与外部环境，提出调控对策（见表3-3）。

表3-3　　　　　　　　　转型城市空间研究范式的主要内容

要素	主要内容		典型方法
演变特征	内部空间	生态空间	绿地覆盖、水网结构等	
		实体空间	建筑解构、景观分析、土地利用变化分析	遥感解译
		经济空间	产业结构演变、产业布局分析	投入产出
		社会空间	人口空间与密度、社会空间分异	因子生态
		文化空间	文化与建筑、地名空间、民俗空间	
		虚拟空间	信息空间、赛博空间	
		围合空间	邻里空间、生活空间	
	空间扩散		对外联系	遥感解译 田野调查
			空间外溢	
内在机理	全球层面、国家层面、区域层面、地方层面、个体层面		归纳分析
调控对策	价值取向、现实困境、调控对策		

3.4

主要实证城市概述

本书以北京市和天津市为主要实证城市，两者能够较好地代表转型期大城市空间结构演变特征和共同面临的问题。北京市历史悠久，文脉深厚，在全国城市体系中有着极其特殊的地位。更为重要的是，改革开放以来，随着现代土地制度的建立、单位制社会组织结构的逐渐解体，以及全球化和市场化的巨大推动，转型期的北京城市空间发生急剧变动，这些都反映出转型期中国大城市空间结构演变机理和面临问题的共性特征。天津市曾经是北方经济中心，同时也是中国北方最大的沿海城市和首批开放的沿海港口城市；改革开放以来，国家对于沿海城市的优惠政策，外资的迅速涌入，以及滨海新区的开发建设，都极大地改变了津门故里的城市风貌，这种变迁能够很好地传达转型期中国沿海大城市空间演变的共同特点。另外，北京市、天津市和环渤海经济区成为关注的焦点。北京市要建设世界城市，天津市要恢复经济中心地位，环渤海经济区区域政策逐渐浮出水面，成为新时期空间布局与经济建设的重点板块。作为环渤海经济区的两大核心城市，京津的发展速度与演变强度无疑会得到更大提升。

此外，考虑到案例的普适性以及观点的科学性，在对京津进行重点论述的基础上，本书还以上海、广州、武汉、西安和沈阳等大城市为辅助案例，进行典型特征研究和个案总结。

3.4.1 北京市概况

北京历史悠久，文脉厚重。作为中华民族的文明发祥地之一，早在六七万年前，就开始有人类在此活动，至今已有 3000 多年建城史和 800 多年建都史，先后有辽、金、元、明、清五个朝代在此建都。在封建社会，城市建设以轴线和内城为核心，不论是"五坛八庙"，还是"三山五园"，都体现出这座城市历史悠远、政治功能突出和文化氛围浓厚的典型特征。

新中国成立以来，北京市历经了 6 次大型总体规划，城市定位也发生了数次变动。1953 年，实施"变消费城市为生产城市"的总体方针，确立了政治中心、文化中心和经济中心（工业基地）的城市定位。1958 年确立了 1000 万人的特大城市目标，提出了"分散集团式"的空间布局。1973 年重塑了城市规划对于城市建设的领导地位。1982 年，对城市性质进行了调整，提出了政治中心、国际交往中心和历史文化名城的城市定位，经济中心和工业基地的提法退居其次。北京市 1993 年的总体规划提出了国际城市的发展目标，CBD、金融街、中关村和奥林匹克公园的建设，明确了城市功能分区。2005 年总体规划提出了"两轴—两带—多中心"的发展格局，建设多中心城市，实现分散化发展。最近，为了突破中心城区的空间局限，缓解城市运营的压力，以通州新城和亦庄新城为龙头，实现城市空间的"东扩南迁"，多中心城市发展格局逐渐明朗（见表 3-4）。

表 3-4　　　　　　　　　2008 年北京市行政区划

地区	面积（km²）	街道办事处	建制镇	建制乡	社区居委会	村民委员会
全市	16410.54	135	142	40	2609	3951
首都功能核心区	92.39	32	—		472	
东城区	25.34	10	—		126	—
西城区	31.62	7	—		148	
崇文区	16.52	7	—		91	—
宣武区	18.91	8	—		107	
城市功能拓展区	1275.93	70	7	24	1333	308
朝阳区	455.08	23	—		—	—
丰台区	305.80	16	2	3	268	69
石景山区	84.32	9	—		—	
海淀区	430.73	22	5	2	579	84
城市发展新区	6295.57	23	72	7	548	2199
房山区	1989.54	8	14	6	113	462
通州区	906.28	4	10	1	96	480
顺义区	1019.89	6	19	—	71	426
昌平区	1343.54	2	15	—	153	304
大兴区	1036.32	3	14		115	527
生态涵养发展区	8746.65	10	63	9	256	1444
门头沟区	1450.70	4	9	—	100	177
怀柔区	2122.62	2	12	2	31	284
平谷区	950.13	2	14	2	27	273
密云县	2229.45	2	17	1	69	334
延庆县	1993.75	—	11	4	29	376

资料来源：《北京市统计年鉴（2009 年）》。

新中国成立以来，尤其是改革开放全面实施之后，北京市经济实现快速增长，城市规模也同步提升。根据《北京志·计划志》，1949年年底，北京市的常住人口有203.1万人，非农业人口164.9万人；工农业总产值3.8亿元（按1980年不变价格），工业产值1.7亿元，社会商品零售额2.8亿元，城市人均居住面积为4.75平方米。1985年国内生产总值139.1亿元，1985年达到257.1亿元，1990年增至500.8亿元。2009年国内生产总值11865.9亿元，三次产业的构成为1:23.2:75.8。2009年年底全市常住人口1755万人。其中，外来人口509.2万人，城镇人口1491.8万人，户籍人口1245.8万人，全市常住人口密度为1069人/平方千米。城镇居民人均可支配收入26738元，农村居民人均纯收入11986元（见图3-4和图3-5）。

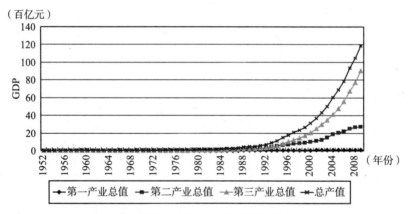

图3-4 1952～2008年北京市三次产业构成

资料来源：《新中国五十五年统计资料汇编》及北京市统计公报。

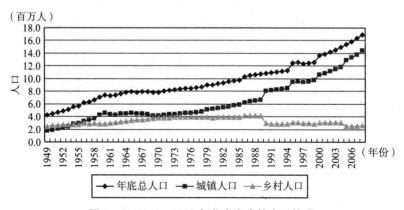

图3-5 1949～2008年北京市户籍人口构成

资料来源：《新中国五十五年统计资料汇编》及北京市统计公报。

为了便于说明城市人口与产业的布局情况，在进行空间演变特征分析时，将整个北京市域划分为中心区、近郊区和远郊区三个部分。中心区包括东城、西城、宣武、崇文，近郊区包括朝阳、丰台、石景山与海淀，远郊区包括门头沟区、房山区、通州区、昌平区、大兴区、平谷区、怀柔区、密云县和延庆县。

表 3 - 5　　　　　　　　　　北京市圈层组织结构

地区	面积（km²）	街道办事处	建制镇	建制乡	社区居委会	村民委员会
全市	16410.54	135	142	40	2609	3951
中心区	92.39	32	—	—	472	—
东城区	25.34	10	—	—	126	—
西城区	31.62	7	—	—	148	—
崇文区	16.52	7	—	—	91	—
宣武区	18.91	8	—	—	107	—
近郊区	1275.93	70	7	24	1333	308
朝阳区	455.08	23	—	—	—	—
丰台区	305.80	16	2	3	268	69
石景山区	84.32	9	—	—	—	—
海淀区	430.73	22	5	2	579	84
远郊区	15042.22	33	135	16	804	3643
房山区	1989.54	8	14	6	113	462
通州区	906.28	4	10	1	96	480
顺义区	1019.89	6	19	—	71	426
昌平区	1343.54	2	15	—	153	304
大兴区	1036.32	3	14	—	115	527
门头沟区	1450.70	4	9	—	100	177
怀柔区	2122.62	2	12	2	31	284
平谷区	950.13	2	14	2	27	273
密云县	2229.45	2	17	1	69	334
延庆县	1993.75	—	11	4	29	376

注：行政区划按 2009 年处理。

资料来源：《北京市统计年鉴（2009 年）》。

3.4.2 天津市概况

天津市位于环渤海经济圈的中心，是中国四大直辖市之一，中国北方最大的沿海开放城市、近代工业的发源地、近代北方最早对外开放的沿海城市之一，中国北方的海运中心。天津始于隋朝，兴于唐代，至 2004 年已有 600 年建城史。鸦片战争之后，西方列强在天津设立租界，天津由此发展成为近代北方开放的前沿，中国第二大工商业城市和北方最大的金融商贸中心。天津因水而建，因水而兴，经济功能突出，整个城市沿海河沿线轴向发展。随着滨海新区的设立，整个城市空间进一步向沿海地区扩展。

天津市城市总体规划的提出始于 20 世纪 80 年代。在规划修编的基础上，又形成了 1999 年版的总体规划，提出了"一条扁担挑两头"的城市布局结构，将天津市定位于环渤海经济中心。2006 年，《天津市城市总体规划（2005 ~ 2020 年）》通过审核。此规划将天津市定位为国际港口城市，北方经济中心和生态城市，形成"一轴两带三区"和"双城双港"的市域空间布局结构。

2009 年，天津市完成生产总值 7500.80 亿元。其中，第一产业实现增加值 131.01 亿元，第二产业增加值 4110.54 亿元，第三产业增加值 3259.25 亿元，三次产业结构为 1.7 : 54.8 : 43.5。全市人均生产总值达到 62403 元。形成了航空航天、石油化工、装备制造、电子信息、生物医药、新能源新材料、国防科技、轻工纺织八大优势产业（见图 3 - 6 和图 3 - 7）。

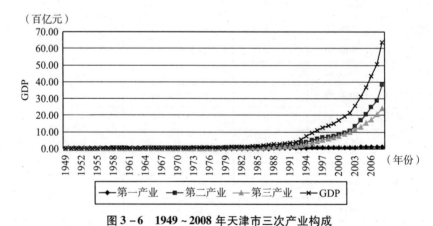

图 3 - 6 1949 ~ 2008 年天津市三次产业构成

资料来源：《新中国五十五年统计资料汇编》及天津市统计公报。

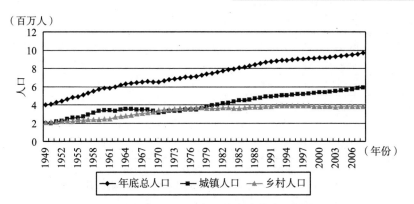

图3－7 1949～2008年天津市户籍人口构成

资料来源：《新中国五十五年统计资料汇编》及天津市统计公报。

滨海新区成立，确定了"一城双港、九区支撑、龙头带动"的空间布局和战略。滨海新区实现生产总值3810.67亿元，占全市比重达到50.8%。已经成为天津市新的增长极（见表3－6）。

表3－6　　　　　　　　　　天津市行政区划（2008年年底）

地区	面积（km²）	街道办事处	居民委员会	镇政府	乡政府	村民委员会
全市	11760.3	107	1504	116	20	3838
市辖区	7398.9	106	1423	69	9	2222
和平区	10.0	6	62	—	—	—
河东区	39.6	13	144	—	—	—
河西区	38.0	13	193	—	—	—
南开区	38.6	12	254	—	—	—
河北区	29.6	10	98	—	—	—
红桥区	21.3	10	171	—	—	—
塘沽区	782.4	11	83	1		32
汉沽区	409.2	4	44	4		56
大港区	1041.0	5	82	3		74
东丽区	478.5	7	58	—	1	109
西青区	566.3	2	48	7		164
津南区	387.9	—	28	8		165
北辰区	473.0	4	103	9	—	126
武清区	1574.8	6	28	19	5	731

续表

地区	面积（km²）	街道办事处	居民委员会	镇政府	乡政府	村民委员会
宝坻区	1508.8	3	27	18	3	765
市辖县	4361.4	1	81	47	11	1616
宁河县	1296.0	—	26	11	3	283
静海县	1475.7	—	35	16	2	384
蓟县	1589.7	1	20	20	6	949

注：需要说明的是，2009 年年底，国务院批复，同意天津市部分行政区划调整，撤销天津市塘沽区、汉沽区、大港区，设立天津市滨海新区，以原 3 个区的行政区域为滨海新区的行政区域。

资料来源：《天津市统计年鉴（2009 年）》。

3.5

本章小结

本章对本书研究议题的相关理论进行了追踪溯源，同时对转型期语境进行深入解读，明确本书研究的时代背景特征。进而通过概念分析和内涵思辨，形成了"双层次、四维度、七要素"的城市空间结构模型，构建了转型城市空间结构范式，确立了实证研究、机理分析与调控对策研究的基本框架。另外，本章对主要的案例城市，从社会经济和城市空间发展等方面，进行了综合概括。本章重点结论包括以下两点：

第一，城市空间结构包括形式与过程两个层次，以及物质性和社会性双重属性。城市空间结构是在城市所辖范围内，城市自然生态、人工环境与社会经济文化要素相互耦合，形成并不断演变的，具有一定秩序的四维有机整体和过程；以及这一整体，借助交通和信息渠道，通过经济联系和空间外溢，与城市外部区域所发生的物质和能量交换过程。

第二，城市空间结构可以概括为"双层次、四维度、七要素"。所谓"双层次"，即城市空间结构的研究应包含城市内部结构以及城市空间与外界的联系两个层次，这样才能够较为全面地反映城市空间结构的本来面貌。"四维度"是指在三维空间上，累加时间维，即城市空间的形成和演变，是三维空间在时间维度上的推移。"七要素"对城市空间要素的概括与凝练，即自然生态空间、实体空间、经济空间、社会空间、文化空间、虚拟空间以及围合空间。

第4章

转型期大城市空间结构演变特征

匠人营国，方九里，旁三门。国中九经九纬，经涂九轨。左祖右社，前朝后市，市朝一夫……王宫阿之制五稚，宫隅之制七稚，城隅之制九稚，经涂九轨，环涂七轨，野涂五轨。

——《周礼·考工记》

日中为市，召天下之民，聚会天下货物，各易而退，各得其所。

——《周易·系辞传》

士农工商四民者，国之石民也，不可使杂处，杂处则其言咙，其事乱。是故圣王之处士必于闲燕，处农必就田墅，处工必就官府，处商必就市井。

——《管子·小匡篇》

城市空间结构具有双重内涵。外在的物质形态与内在的社会经济关系，构成了完整的城市系统。换言之，城市空间具有物质性和社会性的双重属性，空间形式与社会过程构成了对城市空间结构的全面解释。一个城市的基本物质方式（含义）是作为聚集、交换和储存的固定场所、牢固敝身所和永久性设施；城市的基本社会方式（含义）是服务于经济生活和文化进程的社会性劳动分工。城市从完整意义上来说是一种地理网络、一种经济组织、一种制度性进程、一个社会行为的场所和一种集体性存在的美学特征。一方面它是日常家庭和经济活动的物质框架；另一方面又是为人类文化更有意义行为和更崇高冲动而形成的一种令人关注的环境。

城市空间结构具有丰富的外延。城市是一个复杂的巨系统，突出表现在构成要素的多元性和耦合机制的多向性，这就使城市空间结构具有丰富的外延，涉及社会经济生活的多个方面，而且这些因素是紧密联系的。增长的城市化造就了城市关系的"初级层次"，现在人们通常在这个基础上经历、生活、面对着周围世界的整个结构和变化。只有透过生活的错综复杂现象，我们才能对空间与时间、社会势力及其合法性、社会互动与统治的形式、生产和消费的关系属性、公民社会和政治生活产生基本的认识。

因此，对转型期城市空间结构演变特征的认识，需要全面地考察内涵和外延的衍生关系。换言之，不能仅仅局限于单一的外在形态层面，而应立足于其内涵（物质性和社会性）以及外延（多样性和丰富性），进行多角度解析。把握深度和广度这两条主线，全面反映转型期大城市空间结构演变的主要特征和面貌。

本章以北京市和天津市为主要的研究案例，以前面归纳的理论模型为基础，以城市空间结构的"双层次、四维度、七要素"模型为组织框架，进行多角度演绎分析。从城市内部空间和城市空间扩散两个角度进行分析，体现城市空间结构的内部重组和外部扩散双向变动过程。以时间为轴线、以三维空间为载体，探索四维城市空间的演变特征。对城市内部空间结构，从七个要素进行组织分析，这包括生态空间、实体空间、经济空间、社会空间、文化空间、虚拟空间和围合空间。其中，实体空间、经济空间和社会空间在转型期的变动最为剧烈，是本章的重要内容。

4.1

生态空间演变分析

城市生态空间是在一定的地域范围内，原始的自然基底与城市社会经济系统耦合而成的空间综合体。一方面，城市生态空间具有自然生态系统的固有特征，城市生态系统包含动植物，基本的功能得以正常运行。另一方面，城市生态空间是以人和人类社会为核心，与纯粹的自然生态空间存在显著的差异：第一，城市生态以人为主体，显示出明显的人工化倾向，绿地系统、生物多样性以及水环境特征的变化，都因为人的参与而明显加快；第二，城市生态系统不具有自然生态系统的自我完善性，对外部物质能量的依赖性强。城市生态系统缺乏生产者，所需的物质和能量在很大程度上要从城市外部输入。食物链关系简化，其稳定性得益于社会经济宏观调控。同时，城市生态系统缺乏必要的分解者，所产生的垃圾要靠各种形式的污水处理站和垃圾填埋场来进行人工处理。

4.1.1 研究方法

从转型期大城市生态空间变动来看，绿地系统和水域系统是变动最为明显的部分。特别是随着城市化进程和土地利用程度的加深，工业化和建设用地的扩展，绿地空间成为城市的宝贵资源，以及休闲产业、房地产业和高尔夫运动等行业竞相角逐的焦点。因而，本章主要从绿地系统和水网结构特征进行切入，进行定量和定性分析。

4.1.2　数据来源与处理

关于城市生态变动方面的数据，主要来自《城市统计年鉴》和主要案例城市的统计年鉴。考虑到《城市统计年鉴》中，关于绿地系统的统计指标变动较大，存在一些年份的缺失，且对于同一指标的计算也存在微妙的差异，如市辖区、建成区和市区等行政范围出现重叠，故仅采用最近几年的数据，以保证数据的可对比性。另外，北京市的数据资料主要来自《北京市统计年鉴（2009 年)》，可以涵盖绿地系统的几个关键指标。

4.1.3　绿地系统扩张与碎化

对于绿地系统的演变特征，可以从两个层次进行考察。从整体的绿地面积来看，如表 4 - 1 所示，总量指标反映出城市绿地系统的总量扩张和绿化情况的改善。在最近几年中，绿地系统的主要指标呈现稳中有升的态势（见表 4 - 2)。在整体规模保持稳定的情况下，绿地系统尚有一些亟待解决的问题。

表 4 - 1　　　　　　1978～2008 年北京市绿地系统指标

年份	年末公园绿地面积（公顷）	人均公园绿地面积（平方米/人）	城市绿化覆盖率（%）	全市林木绿化率（%）
1978	2693	5.07	22.30	—
1979	2693	5.07	22.30	—
1980	2746	5.14	20.10	16.6
1981	2751	5.14	20.10	16.6
1982	2779	5.14	20.10	16.6
1983	2823	5.14	20.10	16.6
1984	2878	5.14	20.10	16.6
1985	3263	4.94	22.10	16.6
1986	3606	5.07	22.86	16.6
1987	3570	5.07	22.90	16.6
1988	4074	5.80	25.00	16.6
1989	6910	6.00	26.00	16.6
1990	7110	6.14	28.00	28.3
1991	4279	6.41	28.43	28.3
1992	4213	6.65	30.33	28.3

续表

年份	年末公园绿地面积（公顷）	人均公园绿地面积（平方米/人）	城市绿化覆盖率（%）	全市林木绿化率（%）
1993	4452	7.76	31.33	28.3
1994	5221	7.89	32.39	28.3
1995	5017	7.48	32.68	36.3
1996	5147	7.54	33.24	36.3
1997	5408	7.80	34.22	36.3
1998	6351	9.00	35.60	36.3
1999	6457	9.10	36.30	36.3
2000	7140	9.66	36.50	42.0
2001	7554	10.07	38.78	44.0
2002	7907	10.66	40.57	45.5
2003	9115	11.43	40.87	47.5
2004	10446	11.45	41.91	49.5
2005	11365	12.00	42.00	50.5
2006	11788	12.00	42.50	51.0
2007	12101	12.60	43.00	51.6
2008	12316	13.60	43.50	52.1

资料来源：北京市园林绿化局，《北京市统计年鉴（2009年）》。

表4-2　　　　2003～2007年中国部分大城市市辖区绿化指标

城市	类型	年份				
		2003	2004	2005	2006	2007
北京	园林绿地面积（公顷）	48496	49298	44484	53163	46320
	公共绿地面积（公顷）	10826	12446	11365	14234	12101
	建成区绿化覆盖面积（公顷）	48267	47532	45048	54355	48170
	人均绿地面积（m^2/人）	44.94	45.11	39.96	47.18	40.54
	建成区绿化覆盖率（%）	40.90	40.21	38	44.34	37.37
上海	园林绿地面积（公顷）	24426	26543	28865	30609	31795
	公共绿地面积（公顷）	9450	10924	12038	13307	13899
	建成区绿化覆盖面积（公顷）	25993	28141	30526	32304	33300
	人均绿地面积（m^2/人）	19.11	20.59	22.37	23.58	24.29
	建成区绿化覆盖率（%）	47.26	36.03	37	37.55	37.58
天津	园林绿地面积（公顷）	13239	14238	15741	16499	15658
	公共绿地面积（公顷）	4161	5094	5369	1100	3739

续表

城市	类型	年份				
		2003	2004	2005	2006	2007
天津	建成区绿化覆盖面积（公顷）	15115	17510	19294	2997	19979
	人均绿地面积（m²/人）	17.45	18.63	20.45	21.21	19.91
	建成区绿化覆盖率（%）	31.04	35.02	36	5.55	34.93
广州	园林绿地面积（公顷）	105158	109014	111931	115361	116516
	公共绿地面积（公顷）	5554	6202	6988	7519	8035
	建成区绿化覆盖面积（公顷）	20786	23487	26741	28688	31337
	人均绿地面积（m²/人）	178.76	181.72	181.33	184.48	182.98
	建成区绿化覆盖率（%）	34.19	35.03	36	36.79	37.13
武汉	园林绿地面积（公顷）	6513	6776	7066	7168	14443
	公共绿地面积（公顷）	3225	3477	4106	4216	5418
	建成区绿化覆盖面积（公顷）	7550	7861	8280	8399	16838
	人均绿地面积（m²/人）	8.34	8.62	8.82	14.30	28.30
	建成区绿化覆盖率（%）	34.95	36.06	38	19.76	37.35
西安	园林绿地面积（公顷）	4502	4502	4876	8106	11087
	公共绿地面积（公顷）	1391	1330	1569	2476	8670
	建成区绿化覆盖面积（公顷）	6556	6666	7021	10409	10639
	人均绿地面积（m²/人）	8.82	8.72	9.15	14.98	20.19
	建成区绿化覆盖率（%）	32.14	30.03	30	39.82	39.70
沈阳	园林绿地面积（公顷）	13851	19441	20604	21606	22549
	公共绿地面积（公顷）	3309	4054	4394	4487	5255
	建成区绿化覆盖面积（公顷）	8978	10603	12602	13348	14451
	人均绿地面积（m²/人）	28.36	39.49	41.55	43.22	44.66
	建成区绿化覆盖率（%）	34.40	36.44	41	41.07	41.65
南京	园林绿地面积（公顷）	66960	74396	71020	74276	75612
	公共绿地面积（公顷）	4907	5504	6140	6793	6064
	建成区绿化覆盖面积（公顷）	19440	21531	23037	26156	26517
	人均绿地面积（m²/人）	136.72	148.43	138.34	141.58	141.49
	建成区绿化覆盖率（%）	43.49	44.49	45	45.49	45.96
大连	园林绿地面积（公顷）	11048	11163	11253	11689	11819
	公共绿地面积（公顷）	2162	2369	2439	2631	2781
	建成区绿化覆盖面积（公顷）	10402	10517	10607	11043	11173
	人均绿地面积（m²/人）	40.21	40.14	40.03	40.63	40.28
	建成区绿化覆盖率（%）	41.94	42.41	43	42.80	43.31

资料来源：《中国城市统计年鉴（2004～2008 年）》。

首先，绿地系统"孤岛化"现象较为严重。虽然总量保持扩张，但一些大城市的绿地系统连贯性有待改善，特别是随着城市建设的快速推进，原有的城市规划和土地利用规划布局被突破，造成了绿地系统的破碎化，实际上形成了若干个规模不等的"孤岛"，不利于生物的迁移和系统的维持。

其次，缺乏楔形绿地，中心区与郊野绿地系统联系较少。改革开放以来，大城市森林公园的审批与建设，在郊区形成了面积可观的森林公园（见表4-3）。但中心区与外围绿地系统缺乏联系，尤其是缺乏楔形绿地的过渡，这影响了绿地系统的完整性，也造成了大城市局部地区的"热岛效应"。

表4-3 北京市森林公园一览

单位名称	公园级别	批准年份	总面积（km²）	所在区县
西山国家森林公园	国家级	1992	5933	地跨海淀、丰台、石景山
上方山国家森林公园	国家级	1992	353	房山区
蟒山国家森林公园	国家级	1992	8582	昌平区
云蒙山国家森林公园	国家级	1995	2208	密云县
小龙门国家森林公园	国家级	2000	1595	门头沟区
鹫峰国家森林公园	国家级	2003	775	海淀区
大兴古桑国家森林公园	国家级	2004	1165	大兴区
大杨山国家森林公园	国家级	2004	2107	昌平区
八达岭国家森林公园	国家级	2005	2940	延庆县
霞云岭国家森林公园	国家级	2005	21487	房山区
北宫国家森林公园	国家级	2005	914	丰台区
黄松峪国家森林公园	国家级	2005	4274	平谷区
天门山国家森林公园	国家级	2006	669	门头沟区
琦峰山国家森林公园	国家级	2006	4290	怀柔区
喇叭沟门森林公园	国家级	2008	11171	怀柔区
森鑫森林公园	市级	1994	981	顺义区
五座楼森林公园	市级	1996	1367	密云县
龙山森林公园	市级	1998	141	房山区
马栏森林公园	市级	1999	281	门头沟区
白虎涧森林公园	市级	1999	933	昌平区
丫吉山森林公园	市级	1999	1144	平谷区
西峰寺森林公园	市级	2007	381	门头沟区

资料来源：北京市园林绿化局。

另外，绿地系统的私有化现象也广泛存在。虽然总量指标呈现稳定和上升趋势，但由于城市绿地系统的稀缺性，绿色空间的私有化在一些大城市也确实存在。私人低密度别墅区与高尔夫球场是绿地系统私有化的典型现象，这与转型期城市土地市场监控的不足有着重要的关联。

4.1.4　水网体系沟渠化

上善若水，水善利万物而不争，水网是城市的柔性空间和灵气之所在。对于水资源缺乏的北方大城市而言，水更是城市发展的重要影响要素。实际上，作为地球表层空间的构成要素，水域体系在短期可以保持一定的稳态；换言之，城市水网结构的变动往往是需要长时段的历史作为背景。转型期大城市水网结构的变动主要体现在两个方面：一方面，随着城市产业规模的扩大，人口数量的增加，城市用水量不断提升，同时地下水的超采造成水位下降，继而作为输入系统的一些支流流量减小，甚至出现断流，如北京东部的潮白河，由于上游来水量的限制，局部出现断流现象。另一方面，大城市水网沟渠化现象严重，缺乏必要的亲水空间。为美化城市环境，一些大城市通过人造工程，兴建水网设施，扩展了水域面积。但人造水网的下垫面多为水泥封闭材料，与自然界的交换较少，容易产生流动的死水；另外，由于堤岸材料多为水泥石材，缺乏必要的亲水空间，让人与水网产生了空间隔离感。

4.2
实体空间演变分析

城市实体空间是个体对于城市空间最为直观的感受，它主要体现在城市建筑、景观特色与土地构成三个方面。建筑是城市的外在肌体，是一座城市凝固的历史、沧桑的记录和浓缩的语言，是人们对于城市空间结构最为直观的印象和理解。中轴线上的故宫皇城讲述着北京帝都的显赫历史，海河畔的异国建筑群记录了天津近代史的回环曲折，外滩的金融建筑体现了上海深厚的金融底蕴，秦淮河上的桨声灯影描绘出金陵别样的生活气息，而粉墙黛瓦则流露出诗意江南的水乡风貌。景观是指土地及土地上的空间和物质构成的综合体，是自然过程与人类活动在大地上打下的烙印，也是人类改造自然的直观记录。景观一词，最早出现在希伯来文的圣经中，用于对耶路撒冷总体美景的描述。城市是区别于"纯自然"的"第二自然"，是人类活动最为剧烈的景观单元，每一个体通过自身的行动，改变着周围的景观环境。对于城市景观的变迁，可以借助景观生态学中的斑块、廊道、基质等概念，达到量化认识的目的。另外，土地是城市经济要素的核心部分。在古典经济学中，土地、劳动力、资本是生产活动的基本构成单元；在现代城市中，由于土地市场的规范化和空间的稀缺性，土地的重要地位进一步得到凸显。实际上，土地利用变化不仅能够反映出城市扩张的空间动态特征，还可以衍生出产业布局与产业结构优化的内在关系。

4.2.1 研究方法

实体空间常使用"城市形态"作为代名词。"形态"一词来源于希腊语 Morphe（形）和 Loqos（逻辑），意指形式的构成逻辑。狭义的城市形态特指城市实体空间所表现出来的空间物质形态，而广义的城市形态则不仅包括物质要素，还包括复杂的自然历史过程，以及与之相伴的生活在其中的人，对于周边环境的感知（城市意象）。城市形态是内含的、可变的，它就是构成城市所表现的发展变化着的空间形式的特征，这种发展变化是城市这个"有机体"内外矛盾的结果。对于城市实体空间的研究，只有放在特定的历史背景下，探讨其演变历程和内在机理，才有更为清晰的轮廓和实践价值。这里，通过建筑空间、景观格局和土地利用，来解析城市实体空间的动态变化。

1. 建筑空间

建筑空间的解析方法有很多，古今中外存在很大差异。老子认为"有之以为利，无之以为用"，这实际上是对"围合空间"的认识，而其本质上是对于建筑围合空间的一种关注。《周礼·考工记》中所描绘的城市，是皇权至上的直接体现。欧洲的哥特式和巴洛克建筑更多的是体现一种宗教功能和内在寓意。对转型期城市建筑空间的认识，可以从城市风貌、容积率和垂直分层三个不同的层次来进行理解。

（1）城市风貌。

城市风貌是一个城市在历史过程中，积淀形成的区别于其他城市的整体风格，是观察者对于城市的总体印象，这与哈佛大学教授凯文·林奇所倡导的城市意象有异曲同工之妙。根据凯文·林奇的解释，任何一个城市，都存在一个由许多人意象复合而成的公众意象，或者说是一系列的公共意象，而这些可以归纳为五种元素——道路、边界、区域、节点和标志物。对于城市风貌，则可以归结为建筑风格、标志物、城市纹理以及城市天际线等关联要素。

①建筑风格是一个复合概念，特指建筑实体在内容和形式构成中所表现出来的特性，包括平面布局、立面层次、颜色搭配、艺术加工等方面所体现出的显著特点。例如，对中国古代建筑而言，飞檐斗拱、砖墙木梁、雕梁画栋等特征迥异

于其他国家和时代。巴洛克建筑的复杂雕饰，也成为其本身的一大特色。

②标志物即一个城市的典型地标，是一个城市历史底蕴和文化特征的直接代表，正如埃菲尔铁塔和香榭丽舍大街之于巴黎，标志物可以通过典型建筑加以识别和描述。

③城市纹理是由城市的蓝道（水系）、绿道（绿化隔离带）、灰道（道路），切割城市基质而形成的网状体系，是自然生态要素与人工建筑相互融合的结果。一个城市的纹理特征，是长期的历史过程积累的结果，往往蕴涵了这个城市的历史性格，如唐长安城棋盘式格局、罗马城市的放射状路网，以及北京以原有城墙轮廓组织起来的方形路网。随着经济的发展和城市空间的扩张重组，固有的城市纹理可以被突破。例如，道路的施工建设、升级或封闭，都会显著地影响道路两侧的既有空间，而城市纹理也将发生破碎与分离。同样的，作为城市规划的重要技法，绿化隔离带的设置也能够显著地调整城市纹理与空间布局，甚至在有些工业城市，绿化隔离带能够分割空间，形成不同的功能分区，显著地改变原有的城市空间结构。

④天际线原指天地相交的界限。城市天际线，又被称为城市轮廓或城市全景，是从远方第一眼所看到的城市外边形状，由城市中的高楼构成的整体结构，是衡量城市在垂直方向发展的重要直观特征指标。

（2）容积率。

容积率是指在某一宗地范围内，房屋总建筑面积与宗地面积的比值，这反映了土地利用强度及效益的高下。换句话说，容积率所表达的是在单位面积上的建筑量。在城市运行和管理中，容积率往往成为政府、开发商和居民争论的焦点。政府希望通过规划容积率控制建筑容量，规范城市发展方向；开发商则希望在既有的宗地面积上，增大容积率，从而获得超额收益；而居民关心的则是住宅的舒适度，降低容积率。容积率的最为直观的计算方式如下：

$$\text{FAR} = \frac{S_c}{S_L} \tag{4-1}$$

其中，FAR 为容积率，S_c 和 S_L 分别为总建筑面积和地块面积。一般而言，由于级差地租的过滤作用，从中心到外围地区，容积率一般会呈现降低趋势。

（3）垂直分层。

城市实体空间的垂直分层，是指在垂直方向上，因为空间使用性质（功能）与租金价格的耦合作用，形成的在不同层面上的分异现象。实体空间的垂直分层，实际上是城市土地利用在竖向结构上的延伸和再组织。例如，作为一栋综合性建筑单体，地下室可能作为车库，半地下室可以作为出租房，而底层由商业部门租用，高层则作为办公空间，由此形成了独特有序的垂直格局。

2. 景观格局

景观格局及其演变是自然、社会和生物要素相互作用的结果，景观格局也深深地影响并决定着各种生态过程。斑块的大小、形状和连接度会影响到景观内物种的丰度、分布及种群的生存能力及抗干扰能力。景观空间格局变化，可以通过一系列景观指数加以解析。

（1）紧凑度。

城市外围轮廓形态紧凑度是反映城市空间形态的重要概念。计算公式如下：

$$K = 2\sqrt{\pi A}/P \tag{4-2}$$

其中，K 为城市的紧凑度，A 为城市面积，P 为城市轮廓周长。这一公式的一种极限情况在于，理想的圆形城市空间 K = 1；另一种极限情况就是线性空间，K 趋近于零。实际上，空间的紧凑度一般在 0 和 1 之间取值。一般而言，紧凑度越高，空间被认为越容易保持稳定状态。

（2）分形维数。

分形维数可以用来度量某一区块的复杂性程度；一般而言，人工活动对区块的改造力度越大，其分形维数就会越小。空间的分形维数可以描述城市边界形状的复杂性，反映出土地利用形状的变化及土地利用受干扰的程度，它是一个面积与周长的关系，结合景观生态学中的缀块形状指数，定义如下：

$$S_t = 2\ln(P_t/4)/\ln A_t \tag{4-3}$$

其中，S_t 是 t 时期分形维数，A_t 和 P_t 分别是这一时期城市斑块的面积和周长。S_t 可以衡量斑块复杂程度，其值介于 1.0 和 2.0 之间。当 $S_t = 1.0$ 时，形状最为简单；当 $S_t = 2.0$ 时，斑块形状最为复杂。

（3）多样性指数。

多样性指数建立在信息论理论基础之上，可以衡量某一区域范围内斑块的多样化程度，或者说是类型的丰富度。计算公式如下：

$$H = -\sum_{i=1}^{N} p_k \times \ln(p_k) \tag{4-4}$$

其中，H 为多样性指数，p_k 为斑块类型的概率，而 N 为斑块类型的总数。H 值越大，景观多样化程度就越高。显然，当各种斑块类型均匀分布时，多样化程度最高。

（4）景观优势度指数。

即多样性指数可能的最大值与实际值之差，用于测度景观格局构成中一种或一些景观要素类型支配景观结构的程度，也即镶嵌体在景观中的重要性。其计算公式为：

$$D = H_{max} + \sum_{i=1}^{N} p_k \times \ln(p_k) \qquad (4-5)$$

其中，D 为优势度指数，p_k 为斑块类型的概率，而 N 为斑块类型的总数。D 值越大，表明少数镶嵌体占据主导地位。

3. 土地利用动态变化

劳动是财富之父，土地是财富之母，土地是现代社会最为重要的自然资源之一。在计划经济时期，中国城市土地使用实行行政划拨，缺乏市场流动性和空间差异性。改革开放以来，尤其是 20 世纪 90 年代以后，随着社会经济的快速发展，以及城市化飞速推进，中国用地制度逐步市场化，土地流转和置换日趋频繁，土地这一生产资料的稀缺性地位得以凸显。

土地是城市经济活动和产业布局的根本基础，土地利用及其动态变化，反映出一个城市产业结构的变动历程。进入 20 世纪 90 年代以来，土地利用和土地覆被变化研究已经成为全球环境变化研究的重点领域之一和中国资源科学、地理学、遥感信息科学等多学科的研究热点。

劳动是财富之父，土地是财富之母。在古典经济学中，土地资源是生产组织和要素流动的核心。而在"寸土寸金"的现代城市中，土地更是成为一种稀缺资源。土地利用的效益，是衡量土地资源开发与土地利用程度优劣的重要标志，可以用土地利用综合度和土地利用集约度来进行测算。

土地利用丰富度是衡量城市用地构成比例的直观指标，可以有效地反映在二维城市平面上，土地利用类型的构成情况，尤其是可以分析建设特殊用地类型的空间比重，以此明确城市空间结构的宏观变动，包括土地利用类型动态度和土地利用信息熵。

（1）城市扩张强度。

伴随社会经济发展和城市化的快速跃迁，城市扩张强度显著加快，一方面，能够扩大经济总量，加快发展速度；另一方面，则可以为中心城区的要素外迁和结构重组营造足够的承载空间。

城市空间扩张强度，可以用建成区扩张动态的变化速率来表示，其计算方法如下：

$$DC = \frac{DU_{t2} - DU_{t1}}{DU_{t1}} \times \frac{1}{T_2 - T_1} \times 100\% \qquad (4-6)$$

其中，DC 是某一时期城市扩张动态变化速率；DU_{t1} 和 DU_{t2} 分别是初期和末期城市建成区面积。

（2）土地利用综合度。

土地利用综合度表示土地资源的利用情况，常用指标包括土地利用率 LU、农用地利用率 LA、土地垦殖率 LF、建设用地利用率 LC、林地覆盖率 LW 等。

其中，LU、LA、LF、LC、LW 分别为已利用土地面积、农用地面积、耕地面积、建设用地面积和有林地面积，在土地总面积中所占据的相应比重，反映土地利用综合概况。

（3）土地利用集约度。

城市用地增长弹性系数 EL 是指城市用地增长率与城市人口增长率之比，这是衡量城市用地集约程度的重要指标。世界公认的合理值是 1.12，数值越大越不合理。

（4）土地利用类型动态度。

通过计算研究区域内某种土地利用类型在监测期间的数量的年均变化率。计算方法如下：

$$K_i = (LA_{(i,t2)} - LA_{(i,t1)})/LA_{(i,t1)}/(t2 - t1) \times 100\% \qquad (4-7)$$

其中，K_i 为研究区内某种土地利用类型 i 在监测期内的年均变化率，$LA_{(i,t1)}$ 和 $LA_{(i,t2)}$ 分别为此种土地利用类型在监测初期和末期的面积。

（5）土地利用信息熵。

熵是信息论中度量随机事件在实验中不肯定程度的概念，计算方法为：

$$H(x) = - \sum_{i=1}^{N} P_i \ln P_i \qquad (4-8)$$

其中，$H(x)$ 为信息熵值，P_i 为某一特定实验类型出现的概率。作为土地利用复杂性程度的度量指标，熵值越大，反映出土地利用构成复杂程度越高。

4.2.2 数据来源与处理

土地利用数据主要来源于四个方面：一是社会经济统计资料，如《中国城市统计年鉴（1986~2008 年）》《北京市统计年鉴（2009 年）》《天津市统计年鉴（2006~2009 年）》。二是城市规划与土地利用规划研究资料，如《北京市土地利用总体规划（1997~2010 年）》、《北京市土地利用总体规划（2006~2020 年）》、《天津市土地利用总体规划（1997~2010 年）》、《天津市土地利用总体规划（2006~2020 年）》、《天津市郊县土地利用现状详查报告（1985 年）》。三是影像及图形资料，如北京市多期遥感影像图、案例城市行政区划图等。四是实地调研数据，包括城市土地垂直结构调研、建筑空间及街景调研等方面。

4.2.3　建筑空间变迁

建筑，是凝固的音乐。建筑空间是城市运行和经济活动的物质载体，它的形成与演变，是历史文化积淀和社会经济共同作用的结果。对于建筑空间的变迁特征，从城市风貌、容积率和垂直分层来进行识别。

1. 城市风貌

风貌意指风采、特征与外貌，是对于一个事物的整体认知和直观印象。对于城市风貌而言，它体现了城市的建筑风格、标志性建筑、街道轮廓等实体要素，蕴涵着一个城市历史的性格。可以说，城市风貌与城市文脉是密切相关的。什刹海周边的胡同可以让人体味出"老北京"的闲适与静谧，西子湖畔的阳春三月会让人宛如梦回前朝，而太湖南岸的清丽湖州，也可以让你体会出"山从天目成群出，水傍太湖分港流，行遍江南清丽地，人生只合住湖州"的真正含义，幻化出"西塞山前白鹭飞，桃花流水鳜鱼肥"的绝美风光。

城市风貌是历史文化在城市地域范围内的沉淀，伴随社会变迁与经济发展，它会发生相应的形态变化。一般而言，实体建筑在形成以后，它的演变和消亡都需要一定的周期，这就使城市风貌能够在长期的动态历史中，保持一定的稳定性。或者说，从城市风貌的外在形态，可以想出不同历史时期的社会特征。例如，立于景山公园的制高点，回首故宫建筑群，可以让人浮想出皇家内院的昔日繁华；走在海河河畔，远眺沿岸的外国建筑群，又可以让人慨叹自鸦片战争之后，中华民族奋进的伟大历程。

城市风貌具有一定的稳定性，正如河流湖泊、地形地貌的稳态一样，城市的主要轴线与主体建筑也能够保持相对的稳定。然而，在改革开放以来，中国进入快速发展期，大城市的前进幅度与更新速度更是达到前所未有的程度。城市风貌发生显著变化，成为城市规划与管理运营中的一个棘手问题。一方面，传统风貌由于缺乏保护和维系，而日渐消退；另一方面，由于观念的更新和开放步伐的加快，建筑风格的多元化程度日渐彰显，出现了"千城一面"的不良趋向。历史文化的传承与现代观念的更新，成为一对刺眼的矛盾。

（1）建筑风格与地标。

"京师者，古幽蓟之地，左环沧海，右拥太行，北枕居庸，南襟河济，诚天府之国"（《大明一统志·卷一》）。北京有三千年建城史和八百年建都史，文化底蕴深厚，土木建筑更是自成一体。

北京的建筑构成有两大历史轴线：一是由京畿重地和首都城市功能延伸而来

的都城古建筑；另一条脉络则是发端于民间的乡土建筑，如四合院和街巷胡同。北京皇城，衍生于辽代的南京、金代的中都、元代的大都，直至明清北京城，几经变迁，已经成为凝固的音乐和都城历史的见证。除皇城外，中轴线上的钟鼓楼、天坛、先农坛，也是历史文化的瑰宝。而胡同与四合院的组合，则可以视为老北京民间生活的最佳写照和京味文化的物质载体。据《京师五城坊巷胡同集》记载，明嘉靖年间，内城有胡同900多条之多。胡同的开放空间与四合院的围合场所，构成老北京日常生活的基本单元。改革开放以后，传统的建筑空间与风格发生急剧改变。由于经济的发展和观念的更新，建筑风格日益多元化。传统的古建，被淹没在现代化建筑群之中。由于城市更新与房屋改造需要，古建和乡土建筑单体被拆除，成为城市中的"孤岛"。

在这一过程中，城市的标志性建筑（或地标）也发生着显著的变化。20世纪50年代的"北京十大建筑"，是特殊情势下中国建筑师的创作探索，综合运用了大屋顶模式（农展馆）、国外古典模式、苏联模式，体现了对古典建筑风格的传承和探索。80年代的北京地标既包括像长城饭店那样的具有国际风格的新型建筑，也有抗日战争纪念馆、北京图书馆新馆等现代建筑与传统大屋顶相融合的折中作品。从中不难看出建筑技法和设计手法的进步，但当时北京"新建筑"的整体模式，却对北京历史文化名城的传统个性带来了挑战。90年代的地标评选，则将"民族传统、地方特色、时代精神"作为重要标准，以期"夺回古都风貌"，引导建筑设计。从构成来看，这时的地标建筑都试图兼顾"时代效应"和"中国特色"的双重诉求。进入21世纪以来，北京建筑风格的多元化趋势进一步得到加强，国家体育馆、中央电视台新址、国家大剧院等具有独特风格和后现代内涵的建筑不断涌现。2009年的北京城市地标建筑，都竣工于2005年之后，直接为奥运服务的建筑就有4个。随着各种现代（或后现代）建筑拔地而起，北京成为多元建筑的博物馆。这一方面极大地提升了北京的影响力，但在另一方面却使城市建筑逐渐失去个性风格，出现趋同化的倾向（见表4-4）。

表4-4 1949年以来北京城市地标的动态变迁

年份	建筑单体
1959	人民大会堂、中国国家博物馆、中国人民革命军事博物馆、民族文化宫、民族饭店 钓鱼台国宾馆、华侨大厦、北京火车站、全国农业展览馆、北京工人体育场 北京图书馆新馆、中国国际展览中心、中央彩色电视中心、大观园、长城饭店
1988	首都国际机场2号航站楼、北京国际饭店、中国剧院、中国人民抗日战争纪念馆 北京地铁东四十条车站

续表

年份	建筑单体
2001	中央广播电视塔、国家奥林匹克体育中心与亚运村、北京新世界中心、北京植物园展览温室、清华大学图书馆新馆、北京恒基中心、外语教学与研究出版社办公楼、新东安市场国际金融大厦、首都图书馆新馆
2009	首都机场 3 号航站楼、国家体育场、国家大剧院、北京南站、国家游泳中心、首都博物馆北京电视中心、国家图书馆（二期）、北京新保利大厦、国家体育馆

资料来源：根据历届北京十大建筑评选资料整理。

（2）城市纹理。

城市纹理是在城市基地之上，由道路、绿带、水系分割而成的平面二维网络体系，它是由地形地貌和社会特征等多种要素共同决定的动态格局。换言之，每座城市，由于自然条件和历史沿革的差异，城市纹理都存在明显的区别。唐长安城的规整格局象征着皇城的权势和秩序，天津的柔性纹理在很大程度上受海河水系影响，而罗马城市的放射状街道则体现出市民对于开放空间和绿地广场的不懈追求。

北京市传统的城市纹理，是由自然条件和历史因素共同作用形成的。一方面，北京地势西高东低，潮白河、温榆河、永定河等自西北向东南蜿蜒而过，形成了"前抱九河，后拱万山"的地形条件。另一方面，特殊的区位使其城市纹理具有传统首都古城的特征。传统的城市纹理是以中轴线为中心，组织而成的整体对称与局部封闭的格局。中轴线起于金代，成于元代，定于明代，而从钟楼到永定门 7.8 公里的部分，则是古都北京的标志。它从南向北依次经过永定门、前门箭楼、天安门、景山和钟鼓楼，构建了北京独有的建筑格局。北部新建的奥林匹克公园，南部凉水河地区和南苑地区的快速发展，都延长了轴线的空间范围和功能内涵。数条与此轴线平行的大道，将单体建筑分割开来，形成疏密有序的格局。而在这数条南北走向的大街之间，有规模不等的东西向胡同进行连接，这些胡同就成为居民生活的基本单元。

改革开放以来，随着基础设施建设的加快和城市改造的深入进行，大城市传统纹理发生微妙变化。北京市在 1992 年、1994 年、2001 年、2003 年和 2009 年，先后建成了二环、三环、四环、五环和六环路，减弱了穿城交通的压力，改变了城市的整体纹理格局。但环形交通强化了城区的单中心特征，使就业功能过分积聚于中心区，进而导致交通与环境的持续恶化。尤其是随着经济发展和人口的膨胀，环形道路格局与"摊大饼"的发展模式相互推动，成为限制城市发展的一大诱因。

自 20 世纪 80 年代以来，随着内城历史街区的改造，传统老宅院建筑的拆除，胡同的整理，特别是新型建筑的引入，逐渐改变了内城传统的轴向纹理。使得城市纹理整体上趋于复杂化，异质性程度不断提升。另外，由于个别单体建筑的调节作用，使原来刚直的纹理变得"柔性化"，这体现出建筑风格对城市纹理的调控作用。

（3）天际线。

任何一个城市的风貌，都是它的自然地理和人文特点的反映，其集中表现就是房屋建筑，特别是这些房屋的轮廓线组成的城市天际线。随着城市建设速度的加快，特别是 CBD 建设的热潮，大城市现代建筑的高度不断被突破，高楼林立的街区成为现代化的代名词。旧北京的天际线基本上是横向的，大片绿树掩映下的四合院之间，点缀着故宫、景山、钟楼、鼓楼、天坛、北海等重点景物，平缓、舒展、开阔、和谐，节奏适当，重点突出。改革开放以后，随着现代建筑的日益增多，建筑标高快速攀升，城市天际线发生显著变化，甚至内城的传统天际线也逐渐被改变。但是由于建筑之间的分割较远，还没有形成具有代表性的连片建筑群和完整的城市天际线（见图 4-1）。

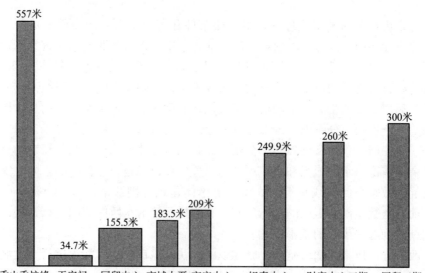

图 4-1 北京市典型地物与建筑高度对比

资料来源：根据实际高度数据整理绘制。

2. 容积率

容积率意指单位面积上的房屋施工建筑量，或承载的经济空间，在城市建设和管理中，特别是在房地产开发中，是一个极为重要的指标。

　　容积率量值的变化与社会发展阶段相适应的，对房屋建筑的密度有着直接的影响。以居住用地为例，低密度住宅是在土地资源宽松条件下的传统产物，在乡村聚落中较为常见。人群之间的交往较为普遍，邻里之间的认同感很强。而随着城市的产生，人口的聚集，城市内土地资源的稀缺性显著提升，多层或高层建筑成为大城市的主要建筑模式，而众多"蜂窝式"或"鸽笼式"的高密度住宅区成为中低收入阶层的首要选择。与此同时，高收入阶层拥有较为宽松的选择范围，往往可以在郊区选择低密度住宅。

　　改革开放以来，随着城市土地使用制度的市场化程度加快，容积率成为各方博弈的焦点。中国人口众多，土地资源却相对有限，人均土地占有面积仅相当于世界均值的1/3；在城市化快速发展的大背景下，容积率成为协调城市建设用地的关键指标。一般而言，在级差地租的作用下，从中心区到外围地区的容积率将会呈现下降趋势；中心地区布局商业企业，而由内向外依次为工业、居住、乡村用地。

　　从中国大城市建设和用地现状来看，由于城市蔓延的加快以及郊区用地监管力度的弱化，建筑容积率存在一些棘手的问题。例如，城市蔓延衍生土地利用的低效，出现了大量低密度住宅（如"城中村"），亟待更新改造。另外，由于土地利用缺乏监管，郊区的低密度别墅大量涌现，造成了土地利用的浪费。

　　作为城市规划和管理的重要手段，容积率对于土地价格的调整也起着重要的作用（见表4－5）。但目前的容积率计算还存在着一些不足，如随着地下空间的拓展开发，地下部分的面积也应当逐渐纳入容积率之中，而这一部分在商业、综合和居住三种用地类型之间就存在较大差异。容积率成为房地产商与执法机构的矛盾焦点，容易诱发土地的非法使用和过度开发。

表 4－5　　　　　　　　2002 年北京市基准地价容积率修正系数

容积率	修正系数			容积率	修正系数			容积率	修正系数		
	商业	综合	居住		商业	综合	居住		商业	综合	居住
0.1	1.500	1.437	1.418	2.1	0.980	0.986	0.988	4.1	0.739	0.893	0.928
0.2	1.467	1.406	1.387	2.2	0.962	0.973	0.976	4.2	0.735	0.890	0.926
0.3	1.435	1.375	1.358	2.3	0.944	0.961	0.966	4.3	0.732	0.887	0.924
0.4	1.404	1.346	1.329	2.4	0.926	0.950	0.956	4.4	0.728	0.885	0.922
0.5	1.374	1.318	1.301	2.5	0.910	0.940	0.947	4.5	0.724	0.882	0.919
0.6	1.344	1.290	1.275	2.6	0.894	0.931	0.940	4.6	0.720	0.879	0.917
0.7	1.315	1.263	1.249	2.7	0.879	0.922	0.933	4.7	0.717	0.876	0.915
0.8	1.287	1.238	1.224	2.8	0.864	0.915	0.927	4.8	0.713	0.874	0.913

　　资料来源：北京市国土资源和房屋管理局。

3. 垂直分层

垂直方向的土地利用受到级差地租的影响，表现更为强烈。这与自然地理学中的垂直地带性具有一定的类似。所不同的是，垂直分带是由气候、水分、土壤等因素作用，而城市土地利用的垂直分层则是由内在的经济规律所左右的。

在计划经济时期，单位通过行政划拨的方式获取土地，级差地租的作用并不明显。少数单位占据多个楼层，经济效益低下。随着土地市场化程度的不断提升，租金的区分效果日渐凸显。城市垂直土地利用分层格局逐渐确立，如表4-6和图4-2所示，低层空间功能多样化，而高层空间以居住和对内办公为主，表现出明显的功能区分与经济分异特征。

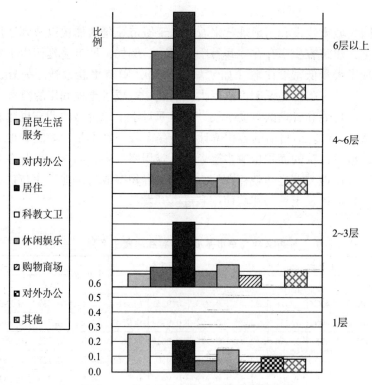

图4-2 北京市北三环建筑使用功能分层

资料来源：黄合，朱青等．北京市三环沿线土地垂直利用结构研究调查报告，2008。

表 4 - 6   2009 年北京金融街部分写字楼出租情况

大厦名称	租金（元/（平方米·天））	入住率（%）	等级	入住企业
光大国际	7	85	甲级	英国皇家联合保险、光大控股、中国人寿
英蓝国际	11.7	97	甲级	美国高盛银行、瑞士银行、高盛投资
丰融国际	10	90	甲级	摩根士丹利、中国国际金融有限公司
金融街 1 号	12	100	甲级	浙商银行、天弘基金管理有限公司
金融街中心	10	95	甲级	招商证券股份有限公司、第一创业

资料来源：新浪房产。

从建筑功能分层结构来看，目前的功能划分还处于从传统计划经济时代向完全的市场经济时期过渡阶段。原有的空间独占现象逐渐得到调整；一些单位利用自身的建筑空间进行分层出租，获取经济收益，也成为这一阶段的特有现象。

由于过渡阶段的特殊性，分层结构的建筑空间使用方面，还存在一些问题。例如，民宅商用成为企业降低成本的重要途径，而"住宅禁商"也成为政府与企业（特别是中小企业）博弈的焦点。地下空间的开发利用，还有很大的潜力空间。尤其是随着城市建设与城市化水平的快速跃迁，土地资源的稀缺性成为大城市发展的一大瓶颈。另外，中国多数大城市的地下空间开发利用还处于起步阶段。功能类型单一，仅仅涉及地铁交通、人防工程、短期居住和小商业等形式，潜力空间巨大。

4.2.4 景观格局演变

城市是人类对自然改造程度最为剧烈的空间地域，在"第二自然"形成过程中，城市景观发生显著变化。耕地非农化程度加深，建设用地增长，城市不透水面不断增加，斑块面积与类型异质性程度提升，在现实的城市中难以找寻到那种理想化的"均质空间"。

城市基础设施建设加快，道路网不断完善，从中心向郊区延伸，廊道的延伸改变了基质的本来面貌，道路两旁的景观也发生显著变化。总的来看，随着人为干扰的加强，城市景观破碎化程度提升，以不同模式、不同程度和不同方向拓展。

通过遥感图像的解译，结合景观指数的变动趋向，可以较为直观地识别城市景观异质性变动过程。从遥感影像的直观表现，结合紧凑度、分形维数、多样化指数、景观优势度指数的数理内涵，可以发现：（1）改革开放以来，城市建设用地扩展迅速，尤其是 1992 年以后，这种扩展的速度进一步提升，反映出城市建设的加速发展，景观多样化程度不断提高，优势度降低。（2）中心城区、郊区城镇与主要交通沿线的发展，呈现出不同的格局。中心城区的"摊大饼"蔓延式发展，伴随着边缘区土地利用的低密度开发与浪费；郊区城镇扩展速度较慢，无论是"分散集团"，还是"多中心"，都没有发展到规划预期的效果；另外，沿交通线的轴向扩展也非常直观，特别是出城高速的引导作用非常突出。（3）随着边缘区及外部空间的发展，景观破碎化程度加剧，紧凑度弱化。

LandSat 陆地卫星影像的分辨率，使其非常适合作为土地利用和城市监控的数据源。根据 2004 年北京市 TM 影像，利用 ERDAS 9.1 和 PhotoShop 作为操作软件，进行 743 波段的短波红外合成。这种组合图像具有兼容中红外、近红外及可见光波段信息的优势，图面色彩丰富。

另外，利用 ERDAS 对影像进行初期解译，划分为建设用地等七种类型。从中可以较为直观地发现建设用地扩张的现状。

4.2.5 土地利用变化

对于土地利用变化过程的分析，可以从整体扩张强度、土地利用效益、类型动态变化和重点用地变动特征这几个方面加以识别。

1. 城市扩张强度

从表 4 - 7 和表 4 - 8 可以看出，1985 ~ 2007 年，中国部分大城市市辖区、建成区、建成区占市辖区面积比重以及建成区扩展的年均速率都呈现出不同的特征。相比于 1985 年，大城市的市辖区面积都出现了显著增长，这其中比较重要的一个原因就是大城市郊区的"整县改区"，迅速实现了市辖区的面积和"就地城市化"，这种直接的县改区极大地扩展了城市地域范围，但容易产生一些问题，如基础设施落后、郊区就业机会不足以及耕地非农化程度显著加快等。从最近几年来看，随着行政区划调整审批制度的逐渐完善，县改区的速度得到了缓解。

改革开放以来，大城市建成区面积一直呈现扩张状态。特别是在 1992 年以后，这种扩展强度进一步加强。这反映出全面改革开放实施以来，城市建设用地的激增态势。另外，从建成区占市辖区面积比重以及建成区增长速率来看，并没有发现突出的特征，而是处于一种波动状态。

表4-7　1985~1997年中国部分大城市扩张动态

城市	类型	1985	1986	1988	1989	1990	1991	1993	1994	1995	1996	1997
北京	市辖区面积 (km²)	2738	2738	2738	2738	2738	4568	1370	4568	4568	4568	5475
	建成区面积 (km²)	373	380	391	395	396	397	454	467	477	488	488
	比重 (%)	13.6	13.9	14.3	14.4	14.5	8.7	33.1	10.2	10.4	10.7	8.9
	DC		1.9	2.9	1.0	0.3	0.3	14.4	2.9	2.1	2.3	0.0
上海	市辖区面积 (km²)	351	376	749	749	749	750	2057	2057	2057	2057	2643
	建成区面积 (km²)	184	202	247	248	250	254	300	350	390	412	412
	比重 (%)	52.4	53.7	33.0	33.1	33.4	33.9	14.6	17.0	19.0	20.0	15.6
	DC		9.8	22.3	0.4	0.8	1.6	18.1	16.7	11.4	5.6	0.0
天津	市辖区面积 (km²)	4276	4276	4276	4276	4276	4276	4276	4276	4335	4335	4335
	建成区面积 (km²)	282	283	316	322	330	336	339	339	359	374	380
	比重 (%)	6.6	6.6	7.4	7.5	7.7	7.9	7.9	7.9	8.3	8.6	8.8
	DC		0.4	11.7	1.9	2.5	1.8	0.9	0.0	5.9	4.2	1.6
广州	市辖区面积 (km²)	1444	1444	1444	1444	1444	1444	1444	1444	1444	1444	1444
	建成区面积 (km²)	218	230	241	182	182	182	207	216	259	262	267
	比重 (%)	15.1	15.9	16.7	12.6	12.6	12.6	14.3	15.0	17.9	18.1	18.5
	DC		5.5	4.8	-24.5	0.0	0.0	13.7	4.3	19.9	1.2	1.9
武汉	市辖区面积 (km²)	1557	1610	1609	1607	1627	1627	2718	2718	4727	4727	4727
	建成区面积 (km²)	180	187	187	188	189	191	211	227	200	202	202
	比重 (%)	11.6	11.6	11.6	11.7	11.6	11.7	7.8	8.4	4.2	4.3	4.3
	DC		3.9	0.0	0.5	0.5	1.1	10.5	7.6	-11.9	1.0	0.0

续表

类型		年份										
		1985	1986	1988	1989	1990	1991	1993	1994	1995	1996	1997
西安	市辖区面积（km²）	861	881	1100	1100	1066	1066	1066	1066	1066	1066	1066
	建成区面积（km²）	133	133	135	136	138	141	148	148	148	148	162
	比重（%）	15.4	15.1	12.3	12.4	12.9	13.2	13.9	13.9	13.9	13.9	15.2
	DC		0.0	1.5	0.7	1.5	2.2	5.0	0.0	0.0	0.0	9.5
沈阳	市辖区面积（km²）	3495	3495	3495	3495	3495	3495	3495	3495	3495	3495	3495
	建成区面积（km²）	164	164	171	164	164	186	189	194	186	200	202
	比重（%）	4.7	4.7	4.9	4.7	4.7	5.3	5.4	5.6	5.3	5.7	5.8
	DC		0.0	4.3	-4.1	0.0	13.4	1.6	2.6	-4.1	7.5	1.0
南京	市辖区面积（km²）	867	867	947	947	947	947	947	947	976	976	976
	建成区面积（km²）	121	123	128	129	129	131	148	150	151	167	177
	比重（%）	14.0	14.2	13.5	13.6	13.6	13.8	15.6	15.8	15.5	17.1	18.1
	DC		1.7	4.1	0.8	0.0	1.6	13.0	1.4	0.7	10.6	6.0
大连	市辖区面积（km²）	1062	1062	2415	2415	2415	2415	2415	2415	2415	2415	2415
	建成区面积（km²）	84	90	113	101	131	137	200	200	218	227	227
	比重（%）	7.9	8.5	4.7	4.2	5.4	5.7	8.3	8.3	9.0	9.4	9.4
	DC		7.1	25.6	-10.6	29.7	4.6	46.0	0.0	9.0	4.1	0.0

资料来源：《中国城市统计年鉴（1986～1998年）》。

表4-8　　1998～2007年中国部分大城市扩张动态

类型		年份									
		1998	1999	2000	2001	2002	2003	2004	2005	2006	2007
北京	市辖区面积（km²）	5475	6496	6496	12574	12484	12484	12484	12188	12187	12187
	建成区面积（km²）	488	488	488	780	1006	1180	1182	1182	1226	1289
	比重（%）	8.9	7.5	7.5	6.2	8.1	9.5	9.5	9.7	10.1	10.6
	DC	0.0	0.0	0.0	59.8	29.0	17.3	0.2	0.0	3.7	5.1
上海	市辖区面积（km²）	3249	3924	3924	5299	5299	5299	5299	6543	5155	5155
	建成区面积（km²）	550	550	550	550	550	550	781	820	860	886
	比重（%）	16.9	14.0	14.0	10.4	10.4	10.4	14.7	12.5	16.7	17.2
	DC	33.5	0.0	0.0	0.0	0.0	0.0	42.0	5.0	4.9	3.0
天津	市辖区面积（km²）	4335	4335	5908	7418	7418	7418	7418	7418	7418	7399
	建成区面积（km²）	371	378	386	424	454	487	500	530	540	572
	比重（%）	8.6	8.7	6.5	5.7	6.1	6.6	6.7	7.1	7.3	7.7
	DC	-2.4	1.9	2.1	9.8	7.1	7.3	2.7	6.0	1.9	5.9
广州	市辖区面积（km²）	1444	1444	3719	3719	3719	3719	3718	3843	3843	3843
	建成区面积（km²）	275	284	431	526	554	608	670	735	780	844
	比重（%）	19.0	19.7	11.6	14.1	14.9	16.3	18.0	19.1	20.3	22.0
	DC	3.0	3.3	51.8	22.0	5.3	9.7	10.2	9.7	6.1	8.2
武汉	市辖区面积（km²）	4727	8467	8467	8494	8494	8494	8494	8494	1615	2718
	建成区面积（km²）	204	208	210	212	214	216	218	220	425	451
	比重（%）	4.3	2.5	2.5	2.5	2.5	2.5	2.6	2.6	26.3	16.6
	DC	1.0	2.0	1.0	1.0	0.9	0.9	0.9	0.9	93.2	6.1

续表

	类型	年份										
		1998	1999	2000	2001	2002	2003	2004	2005	2006	2007
西安	市辖区面积（km²）	1964	1964	1964	1964	3502	3547	3547	3582	3582	3582
	建成区面积（km²）	162	187	187	187	187	204	222	231	261	268
	比重（%）	8.2	9.5	9.5	9.5	5.3	5.8	6.3	6.4	7.3	7.5
	DC	0.0	15.4	0.0	0.0	0.0	9.1	8.8	4.1	13.0	2.7
沈阳	市辖区面积（km²）	3495	3495	3495	3495	3495	3495	3495	3495	3495	3495
	建成区面积（km²）	202	202	217	238	249	261	291	310	325	347
	比重（%）	5.8	5.8	6.2	6.8	7.1	7.5	8.3	8.9	9.3	9.9
	DC	0.0	0.0	7.4	9.7	4.6	4.8	11.5	6.5	4.8	6.8
南京	市辖区面积（km²）	1026	1026	1026	2599	4729	4723	4723	4723	4723	4723
	建成区面积（km²）	179	194	201	212	439	447	484	513	575	577
	比重（%）	17.4	18.9	19.6	8.2	9.3	9.5	10.2	10.9	12.2	12.2
	DC	1.1	8.4	3.6	5.5	107.1	1.8	8.3	6.0	12.1	0.3
大连	市辖区面积（km²）	2415	2415	2415	2415	2415	2415	2415	2415	2415	2415
	建成区面积（km²）	234	234	234	234	248	248	248	248	258	258
	比重（%）	9.7	9.7	9.7	9.7	10.3	10.3	10.3	10.3	10.7	10.7
	DC	3.1	0.0	0.0	0.0	6.0	0.0	0.0	0.0	4.0	0.0

资料来源：《中国城市统计年鉴（1999~2008年）》。

2. 土地利用效益

土地资源是进行生产和各种社会活动的直接基础。在古典政治经济学中，土地、劳动力和资本常被视为三大投入要素。随着大城市开发程度的加快，土地资源的稀缺程度达到前所未有的程度，"寸土寸金"的客观现实对土地利用效益提出了很高的要求。从表 4-9 可以看出，从 20 世纪 90 年代以来，城市土地利用率不断提升；农用地比重先降后升，显示出土地利用调控政策的有效性；土地垦殖率呈现下降状态，耕地非农化程度令人担忧；建设用地比重有所增加，映射出城市大规模扩展的过程；有林地面积有所增加，反映出城市绿化实效性。

表 4-9　　　　　　　　北京市与天津市土地利用综合度

		LU	LA	LF	LC	LW	H(x)
北京	1992 年	0.858	0.715	0.249	0.144	0.380	1.689
	2004 年	0.870	0.675	0.144	0.195	0.421	1.711
	2008 年	0.874	0.668	0.141	0.206	0.419	1.716
天津	1996 年	0.858	0.715	0.249	0.144	0.380	1.505
	2005 年	0.870	0.675	0.144	0.195	0.421	1.755
	2008 年	0.874	0.668	0.141	0.206	0.419	1.748

从九大城市用地增长弹性系数来看，相对于合理值 1.12 来看，实际指标远远超过这一标准。换言之，用地增长的速度远高于人口增长的速度；这反映出两方面问题：一方面是土地增长速度过快，而另一方面是人口的集聚又赶不上城市建设的步伐。从中可以看出，中国大城市的集聚空间，还有较大潜力可以挖掘。

另外，在土地低效扩张的同时，城市土地闲置也客观存在。土地资源的闲置，使供给与需求双方的合理管理受到影响，降低了土地利用的效率和整体效益。这种现象在远郊区县更为严重，如大兴、怀柔、平谷和延庆等地，这反映出郊区土地开发的不规范性（见表 4-10 和图 4-3）。

3. 土地利用类型变化

随着城市扩张和土地利用程度的多样化，土地利用与土地覆被变化（LUCC）成为度量土地构成的重要途径，也成为国内外研究的热点领域。一般而言，随着城市经济的发展，耕地非农化程度提高，建设用地比重加强。土地利用类型的变化情况，包括整体结构、动态变化、圈层结构以及重点土地类型的变化过程识别。

表 4－10

2004 年北京市闲置土地分类汇总

区县	宗数	面积(公顷)	储备(公顷)	开发区内(公顷)	按闲置时间分				按土地用途分							
					未满两年		闲置两年(含)以上		商服用地		住宅		工矿仓储		其他	
					宗数	面积(公顷)	宗数	面积(公顷)	宗数	面积(公顷)	宗数	面积(公顷)	宗数	面积(公顷)	宗数	面积(公顷)
东城区	1	0.4	0.0	0.0	1	0.4	0	0.0	1	0.4	0	0.0	0	0.0	0	0.0
西城区	0	0.0	0.0	0.0	0	0.0	0	0.0	0	0.0	0	0.0	0	0.0	0	0.0
崇文区	0	0.0	0.0	0.0	0	0.0	0	0.0	0	0.0	0	0.0	0	0.0	0	0.0
宣武区	2	0.6	0.0	0.0	1	0.3	1	0.3	1	0.3	1	0.3	0	0.0	0	0.0
朝阳区	6	13.7	0.0	0.0	0	0.0	6	13.7	3	4.5	3	9.2	0	0.0	0	0.0
丰台区	2	7.9	0.0	0.0	0	0.0	2	7.9	0	0.0	1	0.0	1	7.8	0	0.0
石景山	2	1.7	1.7	0.0	0	0.0	2	1.7	1	0.7	0	0.0	1	1.1	0	0.0
海淀区	0	0.0	0.0	0.0	0	0.0	0	0.0	0	0.0	0	0.0	0	0.0	0	0.0
门头沟	0	0.0	0.0	0.0	0	0.0	0	0.0	0	0.0	0	0.0	0	0.0	0	0.0
房山区	1	13.3	0.0	0.0	0	0.0	1	13.3	0	0.0	1	13.3	0	0.0	0	0.0
通州区	2	7.7	3.5	0.0	1	3.5	1	4.2	1	4.2	0	0.0	0	0.0	1	3.5
顺义区	50	140.9	15.0	3.3	1	6.8	49	134.1	24	59.9	1	0.1	18	62.4	7	18.5
昌平区	0	0.0	0.0	0.0	0	0.0	0	0.0	0	0.0	0	0.0	0	0.0	0	0.0
大兴区	33	117.3	0.0	64.5	16	43.3	17	74.0	7	27.2	2	20.4	20	63.6	4	6.1
怀柔区	17	49.1	4.8	36.0	3	6.4	14	42.7	0	0.0	5	7.5	12	41.6	0	0.0
平谷区	23	108.2	0.0	18.9	0	0.0	23	108.2	8	50.8	0	0.0	13	55.1	2	2.3
密云县	0	0.0	0.0	0.0	0	0.0	0	0.0	0	0.0	0	0.0	0	0.0	0	0.0
延庆县	7	56.9	8.2	44.4	4	11.7	3	45.2	1	1.5	2	3.0	3	51.6	1	0.8
合计	146	517.7	33.3	167.2	27	72.4	119	445.3	47	149.3	16	53.9	68	283.3	15	31.2

资料来源：《北京市土地利用总体规划（1997～2010 年）》实施评价报告（2004）。

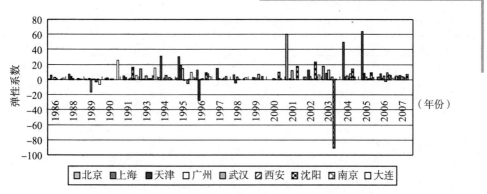

图 4 - 3 九大城市 1986 ~ 2007 年用地增长弹性系数

从北京市和天津市土地构成变化来看，耕地面积缩减较为显著，居民点和独立工矿用地有所增加。特别是从表 4 - 11 和表 4 - 12 来看，20 世纪 90 年代至 2004 年前后，耕地递减的速率更为明显。近些年来，随着耕地保护和基本农田等相关政策的出台，这种趋势有所减缓。从表 4 - 13 来看，土地利用熵值呈现上升趋势，这反映出用地类型的多样化与均衡化趋势，这主要是由于耕地、居民点与独立工矿用地变动幅度较大，而园地、林地、牧草地等小类变动较小有关。

表 4 - 11 北京市土地构成变化 单位：km²

地类	小类	1992 年	2004 年	2008 年
农用地	耕地	4082.9	2364.3	2316.9
	园地	765.0	1239.3	1199.3
	林地	6235.8	6903.2	6870.8
	牧草地	41.5	20.4	20.5
	其他农用地	611.0	551.1	552.4
	小计	11736.2	11078.3	10959.9
建设用地	居民点及独立工矿用地	1945.0	2666.8	2788.2
	交通运输用地	166.6	268.1	325.9
	水利设施用地	246.5	262.3	263.1
	小计	2358.1	3197.2	3377.2
未利用地	未利用土地	2020.5	1800.7	1747.7
	其他土地	308.0	334.1	325.9
	小计	2328.5	2134.8	2073.6

资料来源：北京市国土资源局。

表4-12　　　　　　　　　　天津市土地构成变化　　　　　　　　单位：km²

地类	小类	1996 年	2005 年	2008 年
农用地	耕地	4856.1	4455.14	4410.9
	园地	373.2	371.01	354.3
	林地	342.3	366.31	360.7
	牧草地	5.9	6.04	6.1
	其他农用地	—	1876.5	1794.7
建设用地	居民点及独立工矿用地	2183.5	2625.16	2809.9
	交通运输用地	329.4	183.95	223
	水利设施用地	3150.9	653.73	649
未利用地	未利用土地	678.5	406.92	355.4
	其他土地	—	974.94	953.3

资料来源：天津市国土资源和房屋管理局。

表4-13　　　　　　　　1992~2008 年京津土地利用变化动态度　　　　　　　单位：%

地类		北京		天津	
		1992~2004 年	2004~2008 年	1996~2005 年	2005~2008 年
农用地	耕地	-4.451	-0.169	-0.716	-0.083
	园地	4.102	-0.273	-0.049	-0.383
	林地	0.851	-0.039	0.567	-0.129
	牧草地	-5.746	0.041	0.196	0.082
	其他农用地	-0.856	0.020	—	-0.371
建设用地	居民点及独立工矿用地	2.665	0.372	1.547	0.568
	交通运输用地	4.044	1.640	-4.739	1.617
	水利设施用地	0.519	0.025	-12.284	-0.060
未利用地	未利用土地	-0.955	-0.249	-4.171	-1.122
	其他土地	0.680	-0.207	—	-0.187

　　从表4-14可以看出，土地利用的动态变化，也呈现出一定的圈层特征。中心区开发密度较大，已接近饱和，类型变动较小；近郊区在经过20世纪快速发展以后，用地类型的变化区域平缓；而相比之下，远郊区土地利用类型变动剧烈，反映出较强的动态性。密云和延庆两县的变动相对较小。这显示出土地开发的梯度推移特性，随着中心区土地资源的紧缺，远郊区县成为开发的新选择。

表 4 - 14 北京市圈层土地利用变化动态度 单位：km²

地区		农用地		耕地		建设用地		未利用地	
		2003 年	2008 年	2003 年	2008 年	2003 年	2008 年	2003 年	2008 年
全市		11181	10959.81	2599	2316.88	3085	3377.15	2144	2073.58
中心区	东城区	0	0	0	0	25	25.34	0	0
	西城区	0	0	0	0	32	31.62	0	0
	崇文区	0	0	0	0	17	16.52	0	0
	宣武区	0	0	0	0	19	18.91	0	0
近郊区	朝阳区	157	137.25	70	47.26	287	308.93	11	8.89
	丰台区	93	78.75	43	31.61	189	203.26	24	23.80
	石景山	34	31.79	3	2.14	48	49.44	3	3.10
	海淀区	212	194.89	37	26.90	211	229.24	8	6.60
远郊区县	门头沟	1089	1091.28	16	18.17	93	95.35	268	264.07
	房山区	1179	1159.06	300	282.78	330	350.55	481	479.94
	通州区	601	561.87	412	350.35	264	309.02	41	35.39
	顺义区	646	603.97	347	310.31	280	328.24	94	87.69
	昌平区	945	921.67	138	117.76	336	365.20	63	56.68
	大兴区	703	667.75	462	381.17	268	311.94	66	56.63
	怀柔区	1576	1568.02	99	97.51	121	133.37	426	421.23
	平谷区	722	713.84	148	123.67	111	126.98	117	109.31
	密云县	1547	1540.66	226	229.33	318	329.52	365	359.27
	延庆县	1677	1689.03	299	297.92	137	143.73	180	160.99

注：由于单位换算和统计口径的差异，数据本身可能存在一些细微的差别。

此外，从重点用地类型来看，表 4 - 15 和表 4 - 16 分别显示了 20 世纪 90 年代以来耕地和建设用地的变化情况。耕地和建设用地的变动也表现出圈层特性。从耕地面积变化情况来看，门头沟、怀柔、平谷、密云和延庆的耕地面积出现反向增长态势，显示出土地调控的有效性。

表 4 - 15 北京市各时期耕地面积变化 单位：公顷

	区（县）	1992 年	1996 年	2004 年	2008 年
近郊区	朝阳区	17621.67	13463.49	5492	4726
	丰台区	8758.82	6814.13	3858	3161
	石景山区	459.06	439.84	264	214
	海淀区	11084.29	8781.51	3198	2690

续表

区（县）		1992 年	1996 年	2004 年	2008 年
远郊区县	门头沟区	8362.91	2848.38	1557	1817
	房山区	45656.67	39996.81	28416	28278
	通州区	55502.94	51106.08	36672	35035
	顺义区	58682.46	51264.46	33501	31031
	昌平区	28996.18	24664.91	12847	11776
	大兴区	58931.51	52786.25	38575	38117
	怀柔区	21333.9	15508.25	9593	9751
	平谷区	27132.04	19099.93	11616	12367
	密云县	26928.7	24145.49	22213	22933
	延庆县	38843.05	33001.83	28635	29792

注：由于单位换算和统计口径的差异，数据本身可能存在一些细微的差别。

表 4-16　　　　　　　　北京市各时期建设用地面积变化　　　　　单位：公顷

区（县）		1992 年	1996 年	2004 年	2008 年
中心区	东城区	2531.4	2531.40	2534.2	2534.2
	西城区	3131.19	3131.20	3162.4	3162.4
	崇文区	1598.28	1598.30	1652.1	1652.1
	宣武区	1886.01	1886.01	1890.8	1890.8
近郊区	朝阳区	20684.24	24545.10	29926.6	30893
	丰台区	14913.7	16823.3	19325.3	20326.1
	石景山区	4413.26	4460.3	4837.1	4944.2
	海淀区	19947.1	21998.2	21546.4	22924.2
远郊区县	门头沟区	7598.15	8583.2	9375.5	9534.7
	房山区	26314.9	28555.2	33927.8	35054.8
	通州区	17608.56	19802.2	28265.4	30902
	顺义区	19935.23	24240.9	29101.4	32823.9
	昌平区	21737.96	25009.5	34547	36519.5
	大兴区	17404.56	19690	29213.8	31193.7
	怀柔区	8066.5	9623.4	12287.8	13337
	平谷区	9845.08	10772.3	12057	12697.8
	密云县	28317.3	29401.7	32268.6	32951.6
	延庆县	9880.11	10820.5	13803.8	14373.3

注：由于单位换算和统计口径的差异，数据本身可能存在一些细微的差别。

4.3

经济空间演变分析

"无农不稳，无工不富，无商不活"。城市经济空间包括城市产业结构及其在地域空间上的宏观布局，是城市系统运行和空间组织的核心。对于大城市而言，通过产业集聚，可以实现规模效益递增，减少中间环节的损耗，提升经济运行效率。经济空间的形成与演变，反映了一个城市经济要素的组织脉络。伴随着土地制度的日渐灵活，服务行业的快速发展，产业结构的不断升级，转型期大城市经济空间布局和面貌发生了显著变化。对于城市经济空间的演变，可以从内在的产业结构和外在的宏观布局两个角度进行考察。

4.3.1　研究方法

产业空间结构的演变分析，可以从微观和宏观两个方面进行综合分析。一方面，通过产业结构熵、产业贡献方程、投入产出分析等一系列指标方法，揭示产业结构变动及产业地位演替情况；另一方面，通过主要产业的宏观布局分析，对产业空间演变的具象，有一个外在的认识。

1. 产业结构熵

产业结构分析中借用产业结构熵来描述产业结构系统演进的状态，即：

$$H = -\sum_{i=1}^{n} P_i \cdot l_n p_i \qquad (4-9)$$

其中，P_i 为第 i 种产业的权重；n 表示有 n 种产业。

产业结构熵指数可以很好地刻画国民经济各个不同组成成分所占比例的变化。当少数产业所占比例增加、出现以一种产业为主的结构时，熵指数减小并趋向于零；当结构平衡、各产业所占的比重相当时，熵指数较大并且收敛。

2. 产业结构相似度指数 S_{ij}

由联合国工业发展组织国际工业研究中心提出的指数，以某一经济区域的产业结构为标准，通过计算相似系数，将两地产业结构进行比较，以确定被比较区域的产业结构，即：

$$S_{ij} = \sum_{k=1}^{n} (X_{ik} \cdot X_{jk}) / \left(\sqrt{\sum_{k=1}^{n} X_{ik}^2} \cdot \sqrt{\sum_{k=1}^{n} X_{jk}^2} \right) \qquad (4-10)$$

其中，k 表示产业部门，X_{ik} 和 X_{jk} 分别表示区域 i 和区域 j 各产业所占比重。

3. 就业产业结构偏离度 φ_1 和偏差系数 φ_2

伴随产业结构的转变，就业结构也随之发生变化，劳动力由生产率较低的部门向高的部门转移。就业产业结构偏离度为正值表明产值比重大于就业比重，其绝对值越小，产业结构和就业结构发展越平衡，为零时两者均衡；偏差系数越大，产业结构和就业结构差距越大，即：

$$\varphi_1 = \frac{GDP_i / GDP}{Y_i / Y} - 1 \qquad \varphi_2 = \sum_{i=1}^{n} \left| (GDP_i / GDP - Y_i / Y) \right| \qquad (4-11)$$

其中，GDP_i / GDP 为第 i 产业产值占 GDP 比重，Y_i / Y 为第 i 产业就业人员数所占比重。

4. 产业结构对经济增长贡献

通过对经济增长的计算，罗默认为，长期经济增长是由技术进步（含经济制度的变迁）贡献的，而短期经济增长是由资本和劳动等要素投入的增加所贡献的。资本、劳动和技术是在一定产业结构中组织在一起进行生产的，对于给定的资本、劳动和技术，不同的产业结构会导致不同的产出。由各产业部门和其他相关生产要素（如制度、技术、科技创新等）构建的生产函数为：

$$Y = F(X_1, X_2, X_3, \cdots, X_i, Z) \qquad (4-12)$$

其中，Y 为总产出，X_i 为第 i 产业部门的产出，Z 为其他综合因素影响。对式（4-12）求时间的偏导数，可以得到：

$$\frac{\partial Y}{\partial t} = \sum_{i=1}^{n} \frac{\partial Y}{\partial X_i} \frac{\partial X_i}{\partial t} + \frac{\partial Y}{\partial Z} \frac{\partial Z}{\partial t} \qquad (4-13)$$

令 $Y' = \frac{\partial Y}{\partial t}$，$X_i' = \frac{\partial X_i}{\partial t}$，$Z' = \frac{\partial Z}{\partial t}$，对式（4-13）进行变形得到：

$$\frac{Y'}{Y} = \sum_{i=1}^{n} \frac{\partial Y}{\partial X_i} \frac{X_i}{Y} \frac{X_i'}{X_i} + \frac{\partial Y}{\partial Z} \frac{Z}{Y} \frac{Z'}{Z} \qquad (4-14)$$

其中，左边为总产出增长率，$\frac{\partial Y}{\partial X_i} \frac{X_i}{Y}$ 为第 i 部门的产出弹性，记为 β_i。可以通过以下计量模型研究产业结构的变化对经济增长的贡献，即：

$$\ln Y = \beta_0 + \beta_1 \ln X_1 + \beta_2 \ln X_2 + \cdots + \beta_k \ln X_k + \varepsilon \qquad (4-15)$$

其中，β_0 为综合要素对生产总值贡献，ε 为随机干扰项。

5. 偏离—份额分析法

偏离—份额分析法（SSM）是测度产业结构变化和区域经济水平的有效手

段。其基本原理为：在某一研究时段内，将研究区经济变化为动态序列，以所处的更大区域作为参照系，将经济总量表征值分解为份额分量、结构分量和竞争力分量三个部分。具体来讲，城市和全国 GDP 分别用 e、E 表示。e_j^0，e_j^t，E_j^0，$E_j^t(j=1, 2, 3)$ 分别代表城市、全国三次产业部门在基期和末期的增加值。j 产业部门的增量设为 G_j，$G_j = N_j + P_j + D_j$，其中 $N_j = e_j' \cdot R_j$，$P_j = (e_j - e_j') \cdot R_j$，$D_j = e_j^0 \cdot (r_j - R_j)$。

份额分量 N_j 代表城市标准化的产业部门按全国平均增长率发展所产生的变化量。结构偏离分量 P_j 代表城市产业部门比重与全国该部门比重差异引起的此部门增长相对全国标准产生的偏差。区域竞争力偏离分量 D_j 代表城市与全国同一部门增长速度不同引起的偏差，反映了城市此部门相对于全国的竞争能力。综上所述，城市总的经济增长量 G 可以表示为：

$$G = N + P + D = \sum_{j=1}^{n} e_j' R_j + \sum_{j=1}^{n} (e_j^0 - e_j') R_j + \sum_{i=1}^{n} e_j^0 (r_j - R_j) \qquad (4-16)$$

6. 投入产出分析

投入产出表在 20 世纪 30 年代产生，由美国经济学家瓦西里·列昂惕夫在经济活动相互依存性的研究基础上首先提出并研究和编制的。

投入产出表是由投入表和产出表交叉而成的。前者反映不同产品的价值，包括物质消耗、劳动报酬等；而后者则反映不同产品的分配使用。

北京市编制了 1985 年、1987 年、1990 年、1992 年、1995 年、1997 年、2000 年、2002 年和 2005 年的投入产出表。本书选取 1985 年、1995 年和 2005 年三个年份的投入产出表进行分析，分别涉及 66 个部门、33 个部门和 42 个部门。

从整体构造和数量关系来看，投入产出表满足如下关系等式：

总投入 = 中间投入 + 固定资产折旧 + 劳动报酬 + 生产税净额 + 营业盈余 - 补贴

总产出 = 中间使用 + 最终消费 + 资本形成 + 调出 + 总出口 - 调入 - 总进口

另外，本书采用 5 个指标，来借助投入产出表，分析比较优势产业变动，包括净流出额、净流出额比重、中间投入比重、固定资产折旧比重和劳动报酬比重计算方法如下：

净流出额 = (调出 + 出口) - (调入 + 进口)

净流出额比重 = 净流出额/总产出

以 x_{ij} 表示产业 j 从产业 i 获取的中间投入，X_j 表示这一产业的总投入，A_j 和 L_j 分别表示产业的固定资产折旧与劳动报酬。则有：

$$中间投入率 = \sum_{i=1} x_{ij}/X_{ij}$$

$$固定资产折旧率 = A_j/X_j$$

$$劳动报酬率 = L_j / X_j$$

4.3.2 数据来源与处理

数据主要来源于各类统计年鉴和公报，包括《新中国五十五年统计资料汇编》《北京市统计年鉴（1982~2009年)》《天津市统计年鉴（2006~2009年)》《北京市投入产出表（1985年、1995年、2005年)》，以及各区县的国民经济与社会发展统计公报。另外，对于产业空间布局与街区尺度的详细分析，部分资料来源于历年的城市总体规划、土地利用规划，以及实地调研所得数据。

4.3.3 产业结构演变

产业结构是经济发展阶段的重要度量，是城市经济空间的微观基础和驱动要素，产业结构的演变反映在城市经济布局上，就是各种产业用地之间的比例变动和类型演替。

随着社会经济的发展，相应的产业结构也会发生不断的演替。在农耕文明时代，第一产业是经济组织的核心，农民收入主要来自土地，连片的农田是农业社会的直观象征。工业革命以后，工业布局的限制因素被突破，城市逐渐成为工业生产和经营中心，第二产业迅猛发展，成为城市迥异于乡村的最大特征。随着机器大工业和制造业的集聚发展，城市人口急剧膨胀，环境质量下降，促使工业企业外迁，迅速发展的第三产业成为新社会阶段的典型特征，例如，高技术产业和文化创意产业，已经成为信息社会或者是现代社会的重要体现。

1. 产业结构演变整体特征

从1978~2008年产业构成可以看出，京津两市的第二产业和第三产业在改革开放以来，发生了快速跃迁，在国民经济中的比重迅速提升。尤其是在1992~1993年以后，第三产业的发展势头更为迅猛，反映出转型期中国大城市产业结构优化升级的一般趋势。天津市第二产业所占比重一直处于领先地位，这实际上与天津市良好的工业基础是分不开的；但从表4-17、表4-18、图4-4、图4-5反映出来的增长率看，进入21世纪以来，第三产业的增长速度已经逐渐赶超第二产业，显示出巨大的发展活力。从1978~2008年京津两市就业人数构成来看，改革开放以来，第一产业从业人员数量呈现下降状态，随着农业生产率的提升，农村劳动力市场出现饱和，富余的劳动力离开乡土，从事第二产业、第三产业。1978年以来，第二产业从业人员数量平稳而略有下降，北京市制造业外迁，产业结构升级，第二产业人员比例减少；而对于天津而言，2000年以后，第二产业就业人员有所上升，主要是受滨海新区带动。相比之下，第三产业就业人员比重一直呈现上升状态。

表4-17　　　　　　　　　1978~2008年北京市与天津市产业构成　　　　　　单位：亿元

年份	北京市				天津市			
	第一产业总值	第二产业总值	第三产业总值	总产值	第一产业总值	第二产业总值	第三产业总值	总产值
1978	5.6	77.4	25.8	108.8	5.03	57.53	20.09	82.65
1979	5.2	85.2	29.7	120.1	6.54	64.76	21.70	93.00
1980	6.1	95.8	37.2	139.1	6.53	72.43	24.56	103.52
1981	6.6	92.5	40.1	139.2	5.18	76.77	26.01	107.96
1982	10.3	99.8	44.8	154.9	7.00	79.86	27.24	114.11
1983	12.8	112.7	57.6	183.1	7.60	84.47	31.35	123.42
1984	14.8	130.7	71.1	216.6	11.13	96.47	39.93	147.53
1985	17.8	153.7	85.6	257.1	12.95	114.92	47.91	175.78
1986	19.1	165.8	100.0	284.9	16.51	123.33	54.90	194.74
1987	24.3	182.6	119.9	326.8	19.63	138.02	62.47	220.12
1988	37.1	221.3	151.8	410.2	26.21	160.96	72.54	259.71
1989	38.5	252.2	165.3	456.0	26.85	177.54	79.10	283.49
1990	43.9	262.4	194.5	500.8	27.32	181.38	102.25	310.95
1991	45.8	291.5	261.6	598.9	29.26	196.60	116.79	342.65
1992	49.1	345.9	314.1	709.1	30.26	233.41	147.37	411.04
1993	53.7	419.6	412.9	886.2	35.40	308.40	195.14	538.94
1994	67.5	517.6	560.2	1145.3	46.55	414.95	271.39	732.89
1995	73.5	645.8	788.4	1507.7	60.80	518.55	352.62	931.97
1996	75.0	714.7	999.5	1789.2	67.67	609.10	445.16	1121.93
1997	75.7	781.9	1218.0	2075.6	69.52	676.01	519.10	1264.63
1998	76.7	840.6	1458.7	2376.0	74.14	697.99	602.47	1374.60
1999	77.1	907.3	1693.2	2677.6	71.14	758.51	671.30	1500.95
2000	78.6	1033.3	2049.1	3161.0	73.69	863.83	764.36	1701.88
2001	80.8	1142.4	2487.3	3710.5	78.73	959.06	881.30	1919.09
2002	84.0	1250.0	2996.4	4330.4	84.21	1069.08	997.47	2150.76
2003	89.8	1487.2	3446.8	5023.8	89.91	1337.31	1150.82	2578.03

续表

年份	北京市				天津市			
	第一产业总值	第二产业总值	第三产业总值	总产值	第一产业总值	第二产业总值	第三产业总值	总产值
2004	95.5	1853.6	4111.2	6060.3	105.28	1685.93	1319.76	3110.97
2005	98.0	2026.5	4761.8	6886.3	112.38	2051.17	1534.07	3697.62
2006	88.8	2191.4	5580.8	7861.0	103.35	2488.29	1752.63	4344.27
2007	101.3	2509.4	6742.6	9353.3	110.19	2892.53	2047.68	5050.4
2008	112.8	2693.2	7682.0	10488.0	122.58	3821.07	2410.73	6354.38

资料来源：①中国统计出版社，《新中国五十五年统计资料汇编》；
②北京市与天津市国民经济与社会发展统计公报（2005～2008 年）。

表 4－18　　　　　　　　1978～2008 年北京市与天津市就业构成　　　　　单位：万人

年份	北京市				天津市			
	第一产业	第二产业	第三产业	总量	第一产业	第二产业	第三产业	总量
1978	125.9	177.9	140.3	444.1	—	—	—	—
1979	121.4	195.2	153.9	470.5	—	—	—	—
1980	118.0	207.3	158.9	484.2	—	—	—	—
1981	117.2	220.4	174.1	511.7	—	—	—	—
1982	115.1	228.6	191.5	535.2	—	—	—	—
1983	117.1	240.2	194.7	552.0	—	—	—	—
1984	111.3	247.9	197.0	556.2	—	—	—	—
1985	100.6	260.4	205.5	566.5	99.1	228.0	128.7	455.8
1986	96.1	262.7	213.9	572.7	96.1	231.0	139.9	467.0
1987	92.3	264.1	223.8	580.2	94.1	232.0	144.8	470.9
1988	88.4	267.6	228.1	584.1	91.2	229.9	144.1	465.2
1989	91.0	266.3	236.6	593.9	93.5	231.6	144.8	469.9
1990	90.7	281.6	254.8	627.1	93.6	232.2	144.3	470.1
1991	90.8	279.7	263.5	634.0	94.3	229.9	148.2	472.4
1992	84.5	281.6	283.2	649.3	92.5	238.4	154.8	485.7
1993	65.1	279.4	283.3	627.8	89.0	245.2	168.9	503.1
1994	73.2	272.2	318.9	664.3	85.6	246.5	180.9	513.0
1995	70.6	271.0	323.7	665.3	82.9	247.1	185.3	515.3
1996	72.5	260.1	327.6	660.2	82.1	241.4	188.5	512.0
1997	71.0	257.6	327.2	655.8	81.3	235.7	196.4	513.4
1998	71.5	226.0	324.7	622.2	80.9	233.2	194.0	508.1
1999	74.5	216.2	327.9	618.6	79.6	230.3	198.2	508.1

续表

年份	北京市				天津市			
	第一产业	第二产业	第三产业	总量	第一产业	第二产业	第三产业	总量
2000	72.9	208.2	338.2	619.3	81.3	222.2	183.5	487.0
2001	71.2	215.9	341.8	628.9	82.7	212.7	193.0	488.4
2002	67.6	235.3	376.3	679.2	82.3	205.4	205.0	492.7
2003	62.7	225.8	414.8	703.3	83.2	219.4	208.3	510.9
2004	61.5	232.8	559.8	854.1	82.8	223.9	221.1	527.8
2005	62.2	231.1	584.7	878.0	81.8	227.4	233.4	542.5
2006	60.3	225.4	634.0	919.7	81.1	234.9	247.0	562.9
2007	60.9	228.1	653.7	942.7	77.0	261.4	275.6	613.9
2008	63.0	207.4	710.5	980.9	76.3	271.9	299.1	647.3

资料来源：①中国统计出版社，《新中国五十五年统计资料汇编》；
②北京市与天津市国民经济与社会发展统计公报（2005～2008 年）。

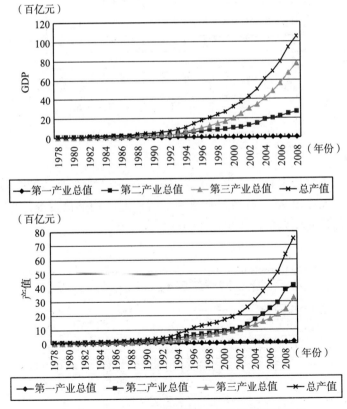

图 4-4 1978～2008 年京津两市产业结构演变轨迹

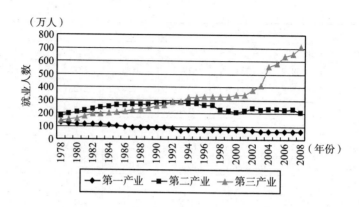

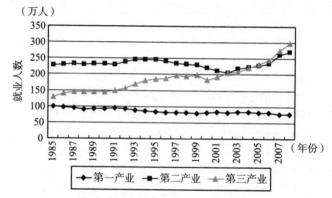

图4-5　1978~2008年京津两市就业结构演变轨迹

从产业结构熵值来看，京津两市表现出较为相似的特征。1978~2008年，出现一次拐点。而在1990年以后，京津两市的产业结构熵值逐渐降低，主要是由于第三产业的快速发展所致（见图4-6）。

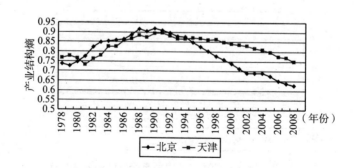

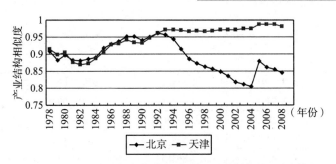

图 4 - 6　1978～2008 年京津两市产业结构熵与产业相似度

从产业结构相似度的变动趋向来看，1992 年以前，京津两市与全国的产业结构相似度逐渐增大，主要是因为第三产业发展的普遍滞后，城市经济过多地依赖于工业企业，缺乏活力和特色。1992 年以后，第三产业发展迅速，北京市与全国的产业结构相似度迅速降低，显示出大城市产业结构升级的快速响应；相比之下，天津市与全国的产业结构相似度则保持稳态，这主要是由于天津市原有工业基础较好，第二产业的主导地位短时间内波动较小（见表 4 - 19 和表 4 - 20）。

表 4 - 19　　　　　　　　　1978～2008 年京津产业结构熵值与相似度指数

年份	产业结构熵		产业结构相似度	
	北京	天津	北京	天津
1978	0.736214	0.766348	0.90746	0.914556
1979	0.725009	0.778265	0.882452	0.898418
1980	0.746681	0.765512	0.896567	0.90518
1981	0.774664	0.731062	0.882093	0.876341
1982	0.822275	0.762952	0.880365	0.869309
1983	0.848521	0.779264	0.885026	0.872198
1984	0.853834	0.826471	0.890629	0.887394
1985	0.858595	0.824296	0.91826	0.906313
1986	0.863708	0.855452	0.929208	0.926689
1987	0.886345	0.865674	0.936295	0.930689
1988	0.918147	0.884198	0.952319	0.941398
1989	0.904104	0.872471	0.950967	0.934045
1990	0.919364	0.893831	0.94094	0.932211
1991	0.908861	0.895717	0.950497	0.947186
1992	0.895747	0.881163	0.961824	0.960925
1993	0.879719	0.86611	0.956867	0.971684

续表

年份	产业结构熵		产业结构相似度	
	北京	天津	北京	天津
1994	0.875591	0.865017	0.942809	0.970218
1995	0.849464	0.872011	0.915199	0.969505
1996	0.8248	0.867767	0.885973	0.96577
1997	0.801337	0.859779	0.873018	0.968268
1998	0.777956	0.863152	0.862882	0.9661
1999	0.758663	0.849299	0.856171	0.967332
2000	0.738372	0.839639	0.84772	0.970847
2001	0.714148	0.835042	0.835418	0.970717
2002	0.689946	0.830676	0.818423	0.970922
2003	0.69077	0.81756	0.812076	0.974509
2004	0.690976	0.810355	0.804256	0.974613
2005	0.675582	0.798064	0.878577	0.98717
2006	0.649947	0.774338	0.861907	0.98693
2007	0.63793	0.768682	0.854171	0.986764
2008	0.625903	0.749708	0.844421	0.98084

资料来源：①中国统计出版社，《新中国五十五年统计资料汇编》；
②北京市与天津市国民经济与社会发展统计公报（2005～2008 年）。

表 4－20　　　　　　　　　　1978～2008 年京津就业结构偏离

	北京				天津			
	第一产业偏离	第二产业偏离	第三产业偏离	偏差系数	第一产业偏离	第二产业偏离	第三产业偏离	偏差系数
1978	－ 0.818	0.776	－ 0.249	0.622	—	—	—	—
1979	－ 0.832	0.710	－ 0.244	0.589	—	—	—	—
1980	－ 0.820	0.609	－ 0.185	0.521	—	—	—	—
1981	－ 0.793	0.543	－ 0.153	0.468	—	—	—	—
1982	－ 0.691	0.508	－ 0.192	0.434	—	—	—	—
1983	－ 0.670	0.414	－ 0.108	0.361	—	—	—	—
1984	－ 0.659	0.354	－ 0.073	0.315	—	—	—	—
1985	－ 0.610	0.301	－ 0.082	0.276	－ 0.661	0.307	－ 0.035	0.307
1986	－ 0.600	0.269	－ 0.060	0.247	－ 0.588	0.280	－ 0.059	0.277
1987	－ 0.533	0.228	－ 0.049	0.207	－ 0.554	0.273	－ 0.077	0.269
1988	－ 0.402	0.178	－ 0.052	0.163	－ 0.485	0.254	－ 0.098	0.251
1989	－ 0.449	0.233	－ 0.090	0.209	－ 0.524	0.271	－ 0.095	0.267

	北京			天津			
	第一产业偏离	第二产业偏离	第三产业偏离	偏差系数	第一产业偏离	第二产业偏离	第三产业偏离	偏差系数
1990	− 0.394	0.167	− 0.044	0.150	− 0.559	0.181	0.071	0.222
1991	− 0.466	0.103	0.051	0.133	− 0.572	0.179	0.086	0.228
1992	− 0.468	0.125	0.016	0.122	− 0.613	0.157	0.125	0.234
1993	− 0.416	0.064	0.032	0.086	− 0.629	0.174	0.079	0.222
1994	− 0.465	0.103	0.019	0.103	− 0.619	0.178	0.050	0.207
1995	− 0.541	0.052	0.075	0.115	− 0.594	0.160	0.052	0.191
1996	− 0.618	0.014	0.126	0.136	− 0.624	0.151	0.078	0.200
1997	− 0.663	− 0.041	0.176	0.176	− 0.653	0.164	0.073	0.207
1998	− 0.719	− 0.026	0.176	0.184	− 0.661	0.106	0.148	0.211
1999	− 0.761	− 0.030	0.193	0.205	− 0.697	0.115	0.147	0.219
2000	− 0.789	− 0.028	0.187	0.204	− 0.741	0.112	0.192	0.247
2001	− 0.808	− 0.103	0.233	0.254	− 0.758	0.148	0.162	0.257
2002	− 0.805	− 0.167	0.249	0.276	− 0.766	0.192	0.115	0.256
2003	− 0.799	− 0.078	0.163	0.193	− 0.786	0.208	0.095	0.256
2004	− 0.781	0.122	0.035	0.112	− 0.784	0.277	0.013	0.246
2005	− 0.799	0.118	0.038	0.113	− 0.798	0.324	− 0.035	0.271
2006	− 0.828	0.137	0.030	0.109	− 0.835	0.373	− 0.080	0.311
2007	− 0.832	0.109	0.040	0.108	− 0.826	0.345	− 0.097	0.294
2008	− 0.833	0.214	0.011	0.107	− 0.836	0.432	− 0.179	0.363

资料来源：①中国统计出版社，《新中国五十五年统计资料汇编》；
②北京市与天津市国民经济与社会发展统计公报（2005～2008 年）。

2. 产业与就业耦合状况

伴随产业结构的优化升级，就业结构也发生一定变化，具体表现为劳动力由生产率较低的部门向高的部门转移。改革开放以来，京津两市的就业结构偏离度显示出很多共性特征。第一产业偏离度处于负值状态，劳动力过剩，产业结构急需进一步调整。第二产业的偏离度呈现"U"形结构，1978 年以来偏离度缓慢下降，进入 21 世纪以后出现回升，这与大城市工业结构升级是密切相关的。尤其是现代工业化体系的建立和现代制造业的发展，大幅度提升了大城市第二产业的产出效率，这也是今后大城市产业结构优化升级的重要方向。从第三产业来看，其偏离度却出现"N"形特征。在改革开放之后，第三产业发展迅速，部门产值的增长快于从业人员的增长，偏离度持续上升；然而，在 2000 年以后，随着大城市产业结构升级步伐的加快,大量的劳动人口进入第三产业,但产值提升却滞后于就业结构的升级,这样就在一定程度上降低了此产业的产出效率,说明转型期大城市第三产业是未来重要的调整方向,还有较大的增长空间。当然,从总体趋势来看,产业结构升级与部门劳动力分配的耦合关系正向着良性态势发展,这一点可以从就业偏差系数的变动得到印证(见图4-7和图4-8)。

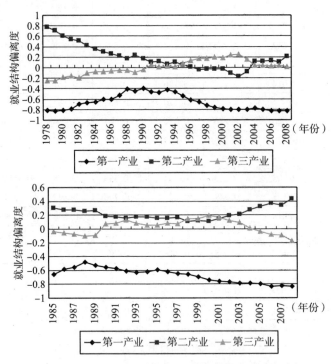

图4-7　1978~2008年京津两市就业偏离度

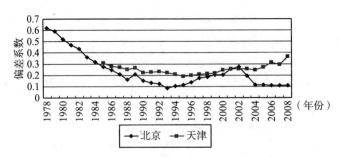

图4-8　1978~2008年京津就业偏差系数

3. 产业结构贡献分析

根据北京市生产总值以及三次产业部门产值的样本观测值，划分三个研究时段，即 1978～1990 年、1991～2000 年和 2001～2009 年。对于 1978～1990 年样本观测值，运用回归分析方法，得到如下回归方程：

$$L_nY = -0.000699 + 0.107L_nX_1 + 0.494L_nX_2 + 0.401L_nX_3 \qquad (4-17)$$
$$t = (-0.78) \quad (13.16) \quad (45.62) \quad (30.43)$$

此回归方程的判决系数和调整后的判决系数为 1，F 统计量为 379323.42，表明三次产业对 GDP 有整体的解释意义。但 D－W 统计量仅为 1.93744，这说明回归方程的残差项存在严重的序列相关。因此，参数的估计在统计意义上是不可置信的。根据计量经济学理论，可以利用带残差项一阶自回归的方程，对其进行修正，得到如下回归方程：

$$L_nY = -0.00131 + 0.102L_nX_1 + 0.498L_nX_2 + 0.403L_nX_3 + 0.789AR$$

$$(4-18)$$

修正后的回归方程判决系数为 1，F 统计量为 493056.58，三次产业对 GDP 具有整体解释意义。同时 D－W 统计量为 3.25397，说明此回归方程中已经不存在残差序列相关，方程的参数估计在统计意义上是可置信的。可以作为北京三次产业经济增长贡献率分析的模拟方程。同样，可以得到北京市 1991～2000 年和 2001～2008 年贡献率分析方程，分别为：

1991～2000 年：$L_nY = 0.00131 + 0.00537L_nX_1 + 0.303L_nX_2 + 0.698L_nX_3$（D－W = 2.39570）；

2001～2009 年：$L_nY = 0.00266 + 0.00947L_nX_1 + 0.206L_nX_2 + 0.790L_nX_3$（D－W = 2.85794）。

同样的，根据天津市样本观测值，划分为 1978～1990 年、1991～2000 年和 2001～2009 年。得出如下三个阶段的回归方程：

1978～1990 年：$LnY = 0.000256 + 0.111LnX_1 + 0.557LnX_2 + 0.337LnX_3$（D－W = 2.94395）；

1991～2000 年：$LnY = 0.00109 + 0.0289LnX_1 + 0.506LnX_2 + 0.469LnX_3$（D－W = 2.53197）；

2001～2009 年：$LnY = 0.000439 + 0.00564LnX_1 + 0.599LnX_2 + 0.401LnX_3$（D－W = 2.84029）。

产业结构逐步进入"三二一"的良性轨道，第三产业还拥有巨大的上升空间。

表 4 – 21　　　　　　　　1978～2009 年京津与全国 GDP 比较构成

产业	全国			北京			天津		
	1978 年（亿元）	1990 年（亿元）	增长率（%）	1978 年（亿元）	1990 年（亿元）	增长率（%）	1978 年（亿元）	1990 年（亿元）	增长率（%）
第一产业	1018.4	5017	393	5.6	43.9	684	5.03	27.32	443
第二产业	1745.2	7717.4	342	77.4	262.4	239	57.53	181.38	215
第三产业	860.5	5813.5	576	25.8	194.5	654	20.09	102.25	409
GDP	3624.1	18547.9	412	108.8	500.8	360	82.65	310.95	276
	1991 年（亿元）	2000 年（亿元）	增长率（%）	1991 年（亿元）	2000 年（亿元）	增长率（%）	1991 年（亿元）	2000 年（亿元）	增长率（%）
第一产业	5288.6	14628.2	177	45.8	78.6	72	29.26	73.69	152
第二产业	9102.2	44935.3	394	291.5	1033.3	254	196.6	863.83	339
第三产业	7227	29904.6	314	261.6	2049.1	683	116.79	764.36	554
GDP	21617.8	89468.1	314	598.9	3161.0	428	342.65	1701.88	397
	2001 年（亿元）	2009 年（亿元）	增长率（%）	2001 年（亿元）	2009 年（亿元）	增长率（%）	2001 年（亿元）	2009 年（亿元）	增长率（%）
第一产业	15411.8	156958	918	80.8	118.3	46	78.73	131.01	66
第二产业	48750	142918	193	1142.4	2743.1	140	959.06	4110.54	329
第三产业	33153	335353	912	2487.3	9004.5	262	881.3	3259.25	270
GDP	97314.8	635229	553	3710.5	11865.9	220	1919.09	7500.8	291

资料来源：①中国统计出版社，《新中国五十五年统计资料汇编》；
　　　　　②京津统计公报（2005～2008 年）。

4. SSM 分析

将研究时段划分为三个子区间进行研究，即 1978～1990 年、1991～2000 年、2001～2009 年。根据偏离份额分析法进行计算，得到每个时间段的分量与系数。从全国份额分量来看，三次产业均为全国性增长部门，这反映出大城市本身巨大的发展活力和能量特征。从结构偏量来看，第一产业的结构偏量分量呈现负值，而第二产业的结构偏量有缩小状态；与此同时，第三产业的结构偏量持续增加，说明第三产业对于大城市产业结构调整，有着举足轻重的作用。同样，从竞争力偏量也可以看出，第三产业对于城市产业竞争力的提升作用，已经超越第二产业。巩固并提升第三产业的龙头地位，发挥生产性服务业的关联带动作用，是改善大城市产业竞争的重要手段。第三产业是转型期大城市产业结构优化和经济空间重构最为重要的决定因素。确立、巩固并提升第三产业的整体规模，优化第三产业内部结构，是优化提升大城市经济空间结构的重要途径（见表 4 – 22）。

表 4 - 22　　　　　　　　1978 ~ 2009 年分时段京津产业偏离—份额分析

时段		类型	总增长 G_j（亿元）	全国份额分量 N_j	结构偏离分量 P_j	竞争力偏离分量 D_j	总偏量（PD）$_j$
北京	1978 ~ 1990 年	第一产业	38.2	120.0	- 98.1	16.3	- 81.8
		第二产业	185.0	179.3	85.6	- 79.9	5.7
		第三产业	168.7	148.7	- 0.2	20.2	20.0
		总计	391.9	448.0	- 12.7	- 43.4	- 56.1
	1991 ~ 2000 年	第一产业	32.8	258.7	- 177.9	- 48.1	- 225.9
		第二产业	741.8	992.7	154.8	- 405.8	- 250.9
		第三产业	1787.5	628.3	192.6	966.6	1159.2
		总计	2562.1	1879.7	169.6	512.8	682.4
	2001 ~ 2009 年	第一产业	37.5	5397	- 4654.9	- 704.6	- 5359.5
		第二产业	1600.7	3590.5	- 1383.8	- 606	- 1989.8
		第三产业	6517.2	11522.5	11150	- 16155.3	- 5005.3
		总计	8155.4	20510	5111.3	- 17465.9	- 12354.6
天津	1978 ~ 1990 年	第一产业	22.3	91.2	- 71.4	2.5	- 68.9
		第二产业	123.9	136.2	60.7	- 73.0	- 12.4
		第三产业	82.2	113.0	2.7	- 33.5	- 30.8
		总计	228.3	340.3	- 8.1	- 104.0	- 112.0
	1991 ~ 2000 年	第一产业	44.4	148.0	- 96.4	- 7.2	- 103.6
		第二产业	667.2	568.0	206.0	- 106.7	99.3
		第三产业	647.6	359.4	7.0	281.1	288.1
		总计	1359.2	1075.5	116.7	167.1	283.8
	2001 ~ 2009 年	第一产业	52.3	2791.4	- 2068.3	- 670.8	- 2739.1
		第二产业	3151.5	1857.0	- 4.5	1298.9	1294.5
		第三产业	2377.9	5959.5	2073.8	- 5655.4	- 3581.6
		总计	5581 7	10607.9	1.1	- 5027.3	- 5026.2

5. 产业结构圈层特征

根据北京市 18 个区（县）1997 ~ 2008 年三次产业产值构成，计算分圈层的产业构成演进。从中可以看出，由于内城重组和产业扩散的综合作用，北京市圈层产业结构表现出明显的"去中心化"趋势，或称为"梯度推移趋势"，如表4 - 23 所示。

表 4 - 23 　　　　　　　北京市不同圈层产业结构演进 　　　　单位：%

地区		类型	1998年	1999年	2000年	2001年	2002年	2003年	2004年	2005年	2006年	2007年	2008年
中心区	东城区	一	—	—	—	—	—	—	—	—	—	—	—
		二	—	—	13	15	11	6	8	5	5	6	—
		三	—	—	87	85	89	94	92	95	95	94	
	西城区	一	—	—	—	—	—	—	—	—	—	—	—
		二	—	—	15	15	14	12	11	11	11	12	
		三	—	—	85	85	86	88	89	89	89	88	
	崇文区	一	—	—	—	—	—	—	—	—	—	—	
		二	—	18	12	13	26	27	26				
		三	—	82	88	87	74	73	74				
	宣武区	一	—	—	—	—	—	—	—	—	—		
		二	29	30	29	28	36	33	29	13	12	10	9
		三	71	70	71	72	64	67	71	87	88	90	91
近郊区	朝阳区	一	4	3	3	1	0	0	0	0	0	0	0
		二	25	24	23	36	28	25	24	21	17	15	14
		三	71	72	74	63	72	74	76	79	83	85	86
	丰台区	一	5	3	4	3	1	1	0	0	0	0	0
		二	34	36	29	28	29	30	29	34	28	28	27
		三	61	61	67	69	70	70	70	65	71	72	73
	石景山	一	1	2	1	0	0	0	0	0	0	0	0
		二	21	21	19	77	69	71	71	71	69	67	55
		三	77	78	80	22	31	29	29	29	31	33	45
	海淀区	一	—	—	—		0	0		0	0		—
		二	—	—	—		24	22		20	19		
		三	—	—	—		76	78	—	80	81		
远郊区	房山区	一			10		—	9	9	—	—	—	
		二	—		43			45	46	—			
		三			47			46	45				
	通州区	一	—	20	17	15	12	11	9	8	7	6	6
		二	—	32	43	46	47	49	50	48	50	51	50
		三	—	47	40	40	41	41	41	43	42	43	44
	顺义区	一	21	20	17	17	16	12	9	7	6	5	—
		二	45	44	52	48	43	56	59	61	56	54	—
		三	34	36	31	35	40	32	32	32	38	40	—

续表

地区		类型	1998年	1999年	2000年	2001年	2002年	2003年	2004年	2005年	2006年	2007年	2008年
远郊区	昌平区	一	—	—	—	—	4	5	3	2	1	1	1
		二	—	—	—	—	52	52	51	44	45	50	55
		三	—	—	—	—	44	43	46	54	54	49	44
	大兴区	一	—	—	21	20	17	14	12	—	—	—	—
		二	—	—	33	34	38	39	40	—	—	—	—
		三	—	—	46	46	45	47	48	—	—	—	—
	门头沟	一	—	—	—	—	—	—	—	2	2	2	1
		二	—	—	—	—	—	—	—	57	55	53	55
		三	—	—	—	—	—	—	—	42	44	45	43
	怀柔区	一	—	—	—	9	9	8	7	6	6	5	5
		二	—	—	—	56	56	60	63	54	57	58	58
		三	—	—	—	35	36	32	30	40	37	37	37
	平谷区	一	—	25	23	23	22	17	15	15	13	13	—
		二	—	40	41	39	41	44	44	43	42	45	—
		三	—	35	36	38	37	39	41	43	44	43	—
	密云县	一	—	—	—	—	16	15	15	15	14	14	14
		二	—	—	—	—	49	48	45	42	43	42	42
		三	—	—	—	—	35	37	41	43	43	44	44
	延庆县	一	—	—	—	—	30	28	22	20	16	15	13	14
		二	—	—	—	—	33	33	37	25	26	25	25	22
		三	—	—	—	—	37	39	41	55	58	60	62	64

　　中心区第三产业比重已经占据绝大部分比重，这一区域也即"首都功能核心区"，是内城经济空间重构的核心地带。近郊区，或称城市功能拓展区，第二产业比重不断降低，第三产业地位逐渐巩固，产业调整还有一定空间。远郊区产业结构的升级转换在三个圈层中较为滞后。这一区域可以分解为两部分：一部分是城市发展新区，包括房山、通州、顺义、昌平和大兴，这一区域是北京空间拓展和经济发展的新一轮增长极，区位和资源禀赋较好，能够承接内城产业转移；另一部分是生态涵养区，包括门头沟区、怀柔区、平谷区、密云县和延庆县，这一区域自然条件较好，是北京市发展的生态屏障，农业产业比重最高，第二、第三产业的调整升级较为缓慢，可以作为生态保育区和城市空间拓展的预留区域。

6. 投入产出分析

借助投入产出分析模型，利用 1985 年、1995 年和 2005 年北京市投入产出表，对北京市比较优势产业进行投入产出分析，以识别优势产业的变化动向。

从 1985 年 68 个部门的投入产出特征中可以看出，具有比较优势的产业有航空运输业、工艺美术品制造业、化学产品制造业、交通运输设备制造业、皮革与服装制造业、印刷、机械制造、塑料制品、针织品等，这反映出 20 世纪 80 年代北京的"生产性城市"典型特征。在 1995 年投入产出表的分析结果中，文教卫生科研事业、商业、金融保险业成为新增加的优势型产业，而金属冶炼及压延加工、货运邮电、纺织业、交通运输设备制造业、化学工业和金属制品业也保持着传统优势产业的特殊地位。在 2005 年的投入产出结果中，具备比较优势的产业包括批发和零售贸易业，租赁和商务服务业，通信设备、计算机及其他电子设备制造业，信息传输、计算机服务和软件业，金融保险业，综合技术服务业，建筑业，交通运输及仓储业，旅游业，石油加工、炼焦及核燃料加工业，房地产业，文化、体育和娱乐业，以及教育事业。第三产业已经确立了主导地位，而其中的生产性服务业更是具备较高的比较优势（见表 4－24～表 4－26）。

表 4－24　　　　　1985 年北京市 68 个部门产业大类投入产出特征

产业部门	净流出（亿元）	净流出比重	中间投入比重	固定资产折旧比重	劳动报酬比重
农业	−5.23	−0.32	0.27	0.02	0.49
林业	−0.34	−0.44	0.31	0.02	0.45
牧业	−2.21	−0.26	0.49	0.02	0.34
渔业	−2.34	−5.35	0.29	0.01	0.48
煤炭采选业	−4.06	−1.44	0.49	0.15	0.57
炼焦煤气煤制品业	1.01	0.21	0.73	0.04	0.05
石油加工业	−7.88	−0.60	0.40	0.03	0.02
电热汽生产及供应业	−3.21	−0.39	0.54	0.04	0.11
金属矿采选业	−0.45	−5.46	0.66	0.03	0.04
木材加工业	−5.58	−2.12	0.71	0.03	0.08
非金属矿采选业	−1.67	−1.16	0.41	0.10	0.19
水生产与供应业	0.00	0.00	0.32	0.09	0.05
粮油加工业	−0.57	−0.11	0.86	0.01	0.03
糕点糖果罐头制造业	2.09	0.43	0.77	0.15	0.03
屠宰及肉类加工业	−0.33	−0.04	0.65	0.06	0.07
饮料制造业	0.71	0.16	0.55	0.05	0.05

续表

产业部门	净流出（亿元）	净流出比重	中间投入比重	固定资产折旧比重	劳动报酬比重
烟草加工业	-0.46	-0.28	0.37	0.00	0.02
其他食品制造业	-1.84	-0.66	0.64	0.05	0.11
棉纺织业	0.04	0.00	0.74	0.02	0.05
毛纺织业	-0.97	-0.18	0.60	0.02	0.06
针织品业	1.13	0.25	0.70	0.02	0.08
其他纺织产品制造业	-1.47	-1.26	0.67	0.01	0.07
皮革与服装制造业	3.54	0.18	0.69	0.02	0.09
家具制造业	0.23	0.08	0.66	0.03	0.09
造纸及纸制品业	-3.47	-0.69	0.63	0.02	0.05
印刷业	3.42	0.34	0.65	0.03	0.07
文教体育用品制造业	0.84	0.19	0.67	0.03	0.07
工艺美术品制造业	5.66	0.79	0.66	0.03	0.10
有机化学产品制造业	0.02	0.00	0.58	0.05	0.04
日用化学产品制造业	0.69	0.22	0.66	0.01	0.03
医药工业	1.82	0.40	0.69	0.02	0.05
化学纤维工业	0.36	0.12	0.79	0.02	0.04
塑料制品业	2.26	0.32	0.68	0.02	0.08
其他化学产品制造业	4.58	0.25	0.51	0.05	0.03
水泥及水泥制品业	-2.33	-0.31	0.58	0.08	0.15
其他建筑材料制造业	-0.67	-0.06	0.57	0.05	0.11
金属冶炼与加工业	-14.60	-0.51	0.54	0.05	0.04
金属制品业	-0.34	-0.03	0.57	0.03	0.07
金属加工机械制造业	0.71	0.16	0.52	0.05	0.14
专用机械设备制造业	1.31	0.14	0.59	0.05	0.11
其他机械制造业	2.52	0.11	0.62	0.04	0.08
交通运输设备制造业	4.34	0.18	0.65	0.02	0.06
电器机械器材制造业	-2.44	-0.17	0.68	0.02	0.07
电子通信设备制造业	-5.32	-0.29	0.67	0.03	0.07
仪器仪表制造业	0.71	0.16	0.56	0.04	0.11
其他工业产品制造业	1.09	0.21	0.69	0.03	0.10
建筑业	0.00	0.00	0.68	0.02	0.18
航空运输业	6.56	0.54	0.55	0.04	0.02
铁路运输业	-2.34	-0.76	0.45	0.08	0.10
公路运输业	-6.70	-0.84	0.52	0.04	0.18
邮电通信业	-0.39	-0.11	0.17	0.07	0.09

续表

产业部门	净流出（亿元）	净流出比重	中间投入比重	固定资产折旧比重	劳动报酬比重
商业	-0.99	-0.04	0.32	0.04	0.14
物资供销及仓储业	-0.46	-0.11	0.39	0.02	0.03
饮食服务业	0.00	0.00	0.74	0.04	0.07
医疗卫生服务业	0.00	0.00	0.65	0.06	0.28
市内公共交通业	0.00	0.00	0.40	0.06	0.31
旅游业	0.00	0.00	0.79	0.00	0.01
旅馆业	0.00	0.00	0.49	0.05	0.08
其他居民服务业	0.00	0.00	0.71	0.03	0.04
房地产管理业	0.00	0.00	0.45	0.03	0.41
市政工程管理事业	0.00	0.00	0.49	0.01	0.23
其他城市公用事业	0.00	0.00	0.40	0.01	0.34
教育事业	0.00	0.00	0.40	0.07	0.46
文化艺术事业	0.00	0.00	0.66	0.03	0.12
科学研究事业	0.00	0.00	0.55	0.09	0.24
金融、保险业	0.00	0.00	0.36	0.01	0.10
国家机关	0.00	0.00	0.59	0.02	0.37
其他服务业	0.00	0.00	0.72	0.05	0.13

资料来源：《北京市 1985 年投入产出表》。

表 4 – 25　　　　1995 年北京市 33 个部门产业大类投入产出特征

产业部门	净流出（亿元）	净流出比重	中间投入比重	固定资产折旧比重	劳动报酬比重
农业	-61.01	-0.37	0.50	0.03	0.24
煤炭采选业	-54.17	-6.07	0.26	0.05	0.68
石油和天然气开采业	-21.17	—	0.65	0.04	0.11
金属矿采选业	-1.39	-0.30	0.55	0.24	0.23
其他非金属矿采选业	-11.24	-2.34	0.83	0.03	0.07
食品制造业	-70.29	-0.38	0.74	0.04	0.16
纺织业	13.95	0.23	0.77	0.03	0.14
缝纫及皮革制品业	-14.34	-0.18	0.73	0.03	0.16
木材加工及家具制造业	-0.68	-0.03	0.68	0.07	0.17
造纸及文教用品制造业	-28.45	-0.48	0.40	0.13	0.15
电力及蒸汽、热水生产和供应业	-12.60	-0.25	0.70	0.09	0.05
石油加工业	-5.32	-0.07	0.72	0.04	0.15
炼焦、煤气及煤制品业	-2.07	-0.06	0.73	0.06	0.11

续表

产业部门	净流出（亿元）	净流出比重	中间投入比重	固定资产折旧比重	劳动报酬比重
化学工业	6.40	0.03	0.68	0.06	0.18
建材及其他非金属矿物制品业	-7.51	-0.09	0.67	0.04	0.08
金属冶炼及压延加工业	15.93	0.08	0.71	0.04	0.12
金属制品业	2.42	0.04	0.70	0.04	0.16
机械工业	-100.43	-0.64	0.77	0.03	0.11
交通运输设备制造业	8.19	0.04	0.73	0.04	0.17
电气机械及器材制造业	-1.46	-0.03	0.77	0.03	0.08
电子及通信设备制造业	-3.93	-0.02	0.66	0.10	0.15
仪器仪表及其他计量器具制造业	-8.58	-0.32	0.77	0.03	0.09
机械设备修理业	-1.11	-0.33	0.73	0.04	0.15
其他工业	-0.78	-0.69	0.70	0.02	0.20
建筑业	-15.22	-0.04	0.71	0.14	0.10
货运邮电业	15.36	0.08	0.21	0.09	0.35
商业	42.18	0.20	0.64	0.03	0.27
饮食业	-7.48	-0.25	0.69	0.09	0.06
旅客运输业	-57.90	-0.71	0.61	0.11	0.19
公用事业及居民服务业	-31.63	-0.16	0.59	0.08	0.27
文教卫生科研事业	86.06	0.19	0.69	0.03	0.27
金融保险业	9.53	0.02	0.66	0.06	0.25
行政机关	0.00	0.00	0.50	0.03	0.24

资料来源：《北京市 1995 年投入产出表》。

表 4-26　　　　2005 年北京市 42 个部门产业大类投入产出特征

产业部门	净流出（亿元）	净流出比重	中间投入比重	资产折旧比重	劳动报酬比重
农业	-151.53	-0.56	0.64	0.03	0.24
煤炭开采和洗选业	-69.59	-0.56	0.78	0.01	0.05
石油和天然气开采业	-178.95	—	0.00	0.00	0.00
金属矿采选业	-133.32	-7.29	0.58	0.04	0.10
非金属矿采选业	-17.52	-3.11	0.67	0.05	0.16
食品制造及烟草加工业	-44.49	-0.10	0.72	0.04	0.11
纺织业	-29.95	-0.38	0.75	0.07	0.32
服装皮革羽绒及其制品业	-49.16	-0.46	0.73	0.03	0.20
木材加工及家具制造业	-64.21	-1.27	0.79	0.04	0.14

续表

产业部门	净流出（亿元）	净流出比重	中间投入比重	资产折旧比重	劳动报酬比重
造纸印刷及文教用品制造业	-270.93	-1.59	0.69	0.06	0.14
石油加工、炼焦及核燃料加工业	52.81	0.09	0.87	0.03	0.03
化学工业	-156.91	-0.29	0.74	0.04	0.10
非金属矿物制品业	-106.03	-0.46	0.75	0.06	0.11
金属冶炼及压延加工业	-176.44	-0.31	0.62	0.06	0.16
金属制品业	-138.67	-0.81	0.76	0.04	0.12
通用、专用设备制造业	-459.95	-0.93	0.75	0.03	0.12
交通运输设备制造业	-153.16	-0.18	0.83	0.02	0.06
电气、机械及器材制造业	-137.75	-0.57	0.73	0.03	0.11
通信设备、计算机及其他电子设备制造业	367.58	0.20	0.85	0.03	0.06
仪器仪表及文化办公用机械制造业	-87.30	-0.48	0.72	0.02	0.11
其他制造业	-26.61	-0.30	0.76	0.03	0.13
废品废料	0.07	0.00	0.00	0.00	0.00
电力、热力的生产和供应业	-273.49	-0.43	0.70	0.14	0.08
燃气生产和供应业	-21.58	-0.91	0.28	0.30	0.18
水的生产和供应业	-0.12	0.00	0.70	0.22	0.14
建筑业	130.42	0.06	0.84	0.01	0.09
交通运输及仓储业	101.70	0.10	0.65	0.08	0.12
邮政业	-2.68	-0.03	0.46	0.04	0.24
信息传输、计算机服务和软件业	338.47	0.21	0.64	0.11	0.13
批发和零售贸易业	610.15	0.49	0.47	0.03	0.21
住宿和餐饮业	-34.08	-0.07	0.62	0.07	0.20
金融保险业	236.81	0.21	0.27	0.04	0.18
房地产业	42.39	0.06	0.37	0.20	0.15
租赁和商务服务业	461.54	0.38	0.72	0.04	0.22
旅游业	65.33	0.40	0.96	0.01	0.03
科学研究事业	-2.14	-0.01	0.61	0.04	0.28
综合技术服务业	168.97	0.18	0.75	0.03	0.14
其他社会服务业	-8.27	-0.02	0.72	0.03	0.17
教育事业	11.34	0.02	0.35	0.07	0.47
卫生、社会保障和社会福利业	3.11	0.01	0.64	0.04	0.29
文化、体育和娱乐业	18.71	0.04	0.62	0.04	0.21
公共管理和社会组织	-14.26	-0.03	0.53	0.07	0.40

资料来源：《北京市 2005 年投入产出表》。

4.3.4　经济空间重组

产业结构的演变落实到空间上，表现为产业空间布局的动态变化，如农业产业类型的多样化，工业企业的外迁与重组，商业形式的丰富化，以及新产业空间的涌现，使原有的经济空间发生重组。产业布局与功能分区日趋合理化，而每一种产业都表现出不同的特性。

1. 农业形式多样化

改革开放以来，随着第二产业和第三产业的迅速崛起，农业在城市生产总值中的比重呈现下降态势。从农业本身的发展来看，主要呈现出三个特点，即空间缩减、构成多元化和形式多样化。

从土地利用构成来看，伴随城市建成区扩张，耕地非农化程度显著加快。尤其是土地征用与储备制度的设立，加快了农地转换的速度。边缘区土地性质的特殊性，也使农地的类型发生急剧转变。另外，县改区的实施，使得大城市郊县迅速地升级为城市辖区，农业发展空间因产业结构的升级和转移而缩减。

从农业产业构成来看，改革开放初期，由于农业土地归属国有，农民的积极性和创造性有限，农业种植业表现出一产独大的局面。土地所有制的改革提高了农村发展的积极性，农业内部结构也得到迅速调整，从表4-27可以看出，1978年以来，林业、牧业、渔业和服务业实现了快速发展，尤其是牧业所占比重提升最为显著，改变了传统的农业和农村面貌。这一方面得益于农业本身的惯性发展和政策推动，更为重要的是大城市郊区农业的功能发生转变，从计划经济时期的单一粮食生产，向满足大城市迅速增长的人口需求转变。或者说，需求市场显著扩大，农业产业化程度不断提高。

表4-27　　　　　　　**1978~2008年北京市农林牧渔业总产值**　　　　　单位：亿元

年份	农林牧渔业总产值	农业	林业	牧业	渔业	服务业
1978	11.5	8.9	0.2	2.4	0.01	—
1979	12.3	8.8	0.2	3.3	0.02	—
1980	14.3	9.8	0.5	3.9	0.05	—
1981	14.9	10.1	0.7	4.1	0.05	—
1982	16.8	11.3	0.7	4.7	0.05	—
1983	19.6	12.7	0.8	6.0	0.1	—
1984	22.2	14.4	0.9	6.7	0.2	—

续表

年份	农林牧渔业总产值	农业	林业	牧业	渔业	服务业
1985	25.9	16.1	0.8	8.6	0.4	—
1986	28.1	17.2	0.8	9.4	0.7	—
1987	34.4	20.3	0.8	12.3	1.0	—
1988	52.6	31.4	0.9	18.6	1.7	—
1989	60.4	34.2	0.7	23.3	2.2	—
1990	70.2	39.0	0.9	28.0	2.3	—
1991	76.5	39.6	1.5	32.8	2.6	—
1992	84.5	43.2	1.6	36.3	3.4	—
1993	100.4	51.1	2.3	42.7	4.3	—
1994	144.3	72.5	3.1	64.0	4.7	—
1995	164.4	86.8	2.7	68.8	6.1	—
1996	168.9	89.2	2.8	71.1	5.8	—
1997	170.5	86.8	2.9	74.6	6.2	—
1998	174.8	88.3	3.2	75.8	7.5	—
1999	180.6	89.4	4.1	79.5	7.6	—
2000	188.6	88.1	5.2	87.5	7.8	—
2001	202.2	84.7	9.0	99.3	9.2	—
2002	213.5	83.5	11.9	108.6	9.5	—
2003	224.7	80.9	12.3	114.3	9.3	7.9
2004	234.9	83.1	11.4	124.3	8.9	7.2
2005	239.3	91.0	12.4	120.8	8.7	6.4
2006	240.2	104.5	14.8	105.1	9.8	6.0
2007	272.3	115.5	17.8	122.4	10.1	6.5
2008	303.9	128.1	20.5	140.5	9.8	5.0

注：①绝对数按现价计算，从2003年执行新《国民经济行业分类标准》，农林牧渔业总产值中含农林牧渔服务业产值。
②2003年以后，计算农林牧渔业总产值使用的价格从农产品综合平均价调整为农产品生产价格。
③2006年为与农业普查衔接的数据，1997~2005年为历史修订数据。

　　另外，大城市的多样化需求，衍生出一些新的农业形态。例如，都市农业就是依托都市化地区的特殊区位优势和市场规模，利用田园、自然生态和环境资源，结合传统的生产活动，将农业的生产、生活和生态功能加以综合发挥。休闲农业的发展是农业与休闲旅游的创新性组合。特别是进入21世纪以来，大都市人群休闲需求的提升，闲暇假日时间的增多，近中距离的休闲农业旅游成为热点。在大城市郊区，形式多样的休闲山庄、采摘园和垂钓园如雨后春笋般涌现出来，改变了传统的单一发展模式。一方面，增加了农民收入，发展了农村经济，丰富了农业的形式；另一方面，加快了农业产业化步伐，以及农业与其他产业融合的发展速度。

2. 工业内部重组与外部转移

工业的发展受政策的影响较为明显，呈现出结构轻型化、内部重组和外部转移的阶段性特征。这些特征一方面是由于产业结构调整、国家宏观政策的影响，如大城市的发展理念从初期的"生产性城市"逐步过渡到"消费性城市"；另一方面则更多的是由于转型期产业发展外部环境发生了巨大变化，随着土地市场的完善，级差地租在塑造城市产业地域格局方面的作用日益凸显。

结构轻型化与内部重组。从 1985 年、1995 年和 2005 年的投入产出分析可以发现，20 世纪 80 年代，纺织、皮革等产业是北京市重要的产出行业；而到了 2005 年，这些传统的优势行业已经没有竞争优势，以电子计算机和通信设备生产为标志的现代制造业成为工业的龙头，产业结构呈现轻型化趋势。随着中心区地价的上涨，技术密集型企业成为新的增长点。

工业企业外迁与转移。以北京市为例，新中国成立初期到 20 世纪 70 年代末，在"建设生产性城市"的思想指导下，北京形成了东郊棉纺织区，东北郊电子工业区（酒仙桥），东南郊机械、化工区和西郊冶金、机械重工业区。在当时的特殊形势下，门类齐全的工业类型，解决了城市就业，为城市建设提供了保障。

然而，自 20 世纪 80 年代以来，工业企业的环境污染和低效产出，趋使其进行外迁，以获取发展资金，改善市区环境。80 年代企业外迁的主要原因是污染治理，城市规划的强制性特征非常显著。例如，原来位于朝阳区南沙滩的北京市无线电元件三厂，建于 1968 年，主要生产计算机终端、显示屏等电子产品，由于生产过程中的波缝焊、电镀等工艺，产生了噪声、废气、电磁波和化学污染，被强制搬迁至酒仙桥。原址被改造为居住用地。

20 世纪 90 年代，工业企业进一步外迁。而这一时期的搬迁，除了环境问题外，中心区的高额租金，以及通过土地置换为企业赢得发展资金，成为新的搬迁理由。例如，原来位于亚运村的北京市沥青混凝土厂，污染严重，与周边的商厦、公寓和写字楼不相协调；同时，如果就地治理污染，企业将会承受很大的经济风险。在这种情况下，企业被迫搬迁到昌平区燕丹乡。企业的搬迁和土地置换，为企业赢得了新的发展环境和资金，获得新的生机。"九五"期间，北京有超过 100 个搬迁项目，获得了巨额资金，大部分用于企业技术改造和升级，一些老企业获得新的发展（见表4-28）。

表4-28　　　　　　北京市1980~1990年城市中心区外迁工业情况

项目	合计		东城	西城	崇文	宣武
	总数（个）	占比（%）				
已外迁工厂（家）	66	100	12	23	15	16
占地面积（公顷）	71.52	—	10.19	36.19	11.44	13.7
外迁工厂行业性质	66	100	12	23	15	16
化工	2	3	1	1	—	—
机械	11	16.7	2	7	1	1
电子	4	6.1		1	3	
轻工	39	59.1	7	11	9	12
汽车	4	6.1	2	1		
冶金	5	7.5	—	1	2	2
医药	1	1.5	—	1		
工厂外迁原因	66	100	12	23	15	16
震动噪声	51	77.4	7	19	13	12
废气废水	9	13.6	4	3		2
易燃易爆	2	3	1	—	1	—
占文物古迹	2	3	—	1	1	—
占规划红线	2	3	—	—	—	2
外迁厂旧址利用	66	100	12	23	15	16
改办公	36	54.5	6	17	8	5
改住宅	11	16.7	4	1	1	5
改技校	4	6.1	1	1	1	1
恢复文物	3	4.5	—	1	1	1
改商服业	10	15.2	1	3	4	2
退红线	2	3	—	—	—	2
尚未搬迁的污染扰民企业	60	—	18	10	14	18
合计	126	—	30	33	29	34

资料来源：北京规划建设，1991，3（64）。

进入21世纪以来，工业企业搬迁的进度始终没有停止。北京市出台了《关于同意本市三、四环路内工业企业搬迁实施方案的通知》，从节能环保的重要层面，推动工业企业外迁。首钢的搬迁，标志着首都工业企业外迁的最终选择，这也体现出大城市工业发展的必然趋势与城市空间调整的理性回归。

3. 商业多元化与空间重组

随着市场经济的逐步完善，商业呈现出多元化、空间重组，以及大分散和小集中的趋势，层次性日益明朗。

北京市传统商业中心，以前门—大栅栏、西单、王府井、翠微、动物园、积水潭等为代表。改革开放以来，个体经济获得了发展空间，实现了迅速发展（见表 4 - 29）。随着超市、连锁商店、郊区大型购物中心的出现，原有的商业空间模式产生巨大变化。一方面，以社区服务为主要功能的小型超市遍布城市角落，形成大分散的格局；另一方面，主要的商业中心也日渐成型，如金融街、国贸等。另外，商业空间的层次性也日渐清晰，既有如新东安商场那样的高档商业区，也有中低收入阶层十分青睐的批发市场和"早市"。而在这种商业空间重组的过程中，地价起了很大的决定作用。对比 2002 年与 2009 年地价可以发现，在进入 21 世纪伊始，中心区东西长安街、东单和西单的地价是城区地价的最高点；而在 2009 年地价分布来看，随着城市功能分区的调整和新区开发的潜在趋势，石景山地区的置换土地、通州区以及大兴区北京南站附近的地价都有所提升。

表 4 - 29　　　　1978～2008 年北京市社会消费品零售总额　　　　单位：亿元

年份	社会消费品零售额	按地区分			按经济类型分			
		市	县	县以下	国有经济	集体经济	个体经济	其他经济
1981～1985	472.7	377.9	50.1	44.7	313.2	149.1	9.4	1.0
1986～1990	1239.8	1033.1	113.4	93.3	676.2	439.2	117.2	7.2
1991～1995	3239.5	2551.7	429.8	258.0	1534.8	912.8	610.4	181.5
1996～2000	6811.7	5288.4	502.7	1020.6	2207.3	1277.5	1453.8	1873.1
2001～2005	11662.9	9628.0	395.1	1639.8	2017.3	898.5	2178.0	6569.1
2006	3275.2	2831.3	26.2	417.7	243.5	136.6	661.5	2233.3
2007	3800.2	3300.3	31.7	468.2	291.9	115.3	720.8	2672.2
2008	4589.0	4000.3	38.1	550.6	289.8	142.7	934.3	3222.3

注：①1978～2003 年社会消费品零售额按 2004 年经济普查口径进行了调整，2004 年使用第一次经济普查数据。
②国有经济包括国有、国有联营、国有独资公司。
③集体经济包括集体、集体联营、股份合作公司。

4. 新产业空间内涵式增长与跨越式发展

随着产业结构演进和升级，一些新的产业形态纷纷涌现，使细分产业结构不断多样化。新产业空间的出现，改变了传统的功能分区模式。新产业最为突出的特点，就是高附加值，对于土地的依赖性程度较为灵活，一般污染较轻。在城市地价的约束下，新产业空间替换原有的低附加值产业空间，使中心区产业构成发生嬗变。文化创意产业、生产性服务业和生活性服务业最为突出（见表4-30）。

表4-30　　　　　　2006~2007年北京市部分新兴产业增加值

项目	增加值（亿元）		占GDP比重（%）	
	2007年	2006年	2007年	2006年
文化创意产业	992.6	812.1	10.6	10.3
文化艺术	39.4	35.6	0.4	0.5
新闻出版	140.9	134.2	1.5	1.7
广播、电视、电影	102.1	73.2	1.1	0.9
软件、网络及计算机服务	429.9	333.0	4.6	4.2
广告会展	57.7	48.1	0.6	0.6
艺术品交易	10.4	8.4	0.1	0.1
设计服务	105.3	81.8	1.1	1.1
旅游、休闲娱乐	51.4	48.8	0.6	0.6
其他辅助服务	55.5	49.0	0.6	0.6
信息产业	1590.5	1307.4	17.0	16.6
电子信息设备制造	390.7	343.5	4.2	4.4
电子信息设备销售和租赁	167.5	128.0	1.8	1.6
电子信息传输服务	454.9	377.3	4.8	4.8
计算机服务和软件业	400.9	311.2	4.3	3.9
其他信息相关服务	176.5	147.4	1.9	1.9
现代服务业	4672.9	3740.9	50.0	47.5
信息传输、计算机服务和软件业	855.9	688.5	9.1	8.8
金融业	1286.3	974.1	13.8	12.4
科学研究、技术服务和地质勘查业	539.3	424.5	5.8	5.4
卫生和社会保障业	147.4	129.4	1.6	1.6
文化、体育和娱乐业	227.4	191.4	2.4	2.4
房地产业	644.2	559.8	6.9	7.1
商务服务业	541.4	401.4	5.8	5.1
环境管理业	19.4	16.6	0.2	0.2

续表

项目	增加值（亿元）		占 GDP 比重（%）	
	2007 年	2006 年	2007 年	2006 年
教育	411.6	355.2	4.4	4.5
生产性服务业	4004.8	3192.7	42.8	40.6
流通服务	768.7	692.2	8.2	8.8
信息服务	855.9	688.5	9.1	8.7
金融服务	1286.3	974.1	13.8	12.4
商务服务	554.6	413.4	5.9	5.3
科技服务	539.3	424.5	5.8	5.4

资料来源：《北京市统计年鉴（2008 年)》。

4.4

社会空间演变分析

如果说实体空间与经济空间是城市系统的肌体和血液，那么社会空间则是城市发展与组织的灵魂。城市是一个具有高度复杂性的开放巨系统，在这个巨系统中，独立的个体通过社会关系和经济联系，建构了多样的层次关系，进而形成了复杂的城市社会空间结构。随着经济的发展、城市规模的扩张和内部结构的重组，原有的均质空间、单中心结构和简单的社会关系逐渐被打破，城市社会空间异质性程度不断提升。城市变得不容易描述了，它们的中心不像过去那样处于中央，它们的边缘变得模糊，它们没有开始，似乎也没有结束。没有语言、数量，也没有图像可以适当地理解它们复杂的形式和社会结构。我们目睹了城市"精神分裂"的增加。或者换句话说，在共同的空间结构中，各种社会、文化和经济逻辑矛盾地共存着。

人类产生的过程与人类社会形成的过程具有同一性。社会结构是在一定的人口规模和结构的基础上，衍生而来的人口布局和流动，以及在此之上的生活方式、社会礼仪、道德规范和行为模式的总称。在现阶段，社会结构包括人口结构、家庭结构、就业结构、阶级阶层结构、城乡结构、区域结构、组织结构、制度结构等。一方面，作为"非理性人"，社会个体通过一系列思想决策和行为模式，影响其所在的局部小环境，促成整个社会空间结构的形成、发展与演替；另一方面，特定的社会制度和空间结构也会对个体产生巨大的影响。因此，人口是城市社会空间结构研究的基本出发点，通过人口宏观布局、密度特征等相关指标的分析，可以更为精确地理解城市社会空间的本质面貌。

4.4.1　研究方法

以人口要素作为切入点，对其空间分布、密度构成、社会空间构成进行解析，从而明确转型期城市社会空间结构演变的典型特征。所用到的数学方法主要有集中指数、洛伦兹曲线、人口密度模型及因子生态分析。

1. 集中指数

集中指数用于描述城市不同区域人口分布的集中与分散情况，计算公式为：

$$I = \frac{1}{2} \sum_{i=1}^{N} \left| \frac{P_i}{P} - \frac{S_i}{S} \right| \qquad (4-19)$$

其中，I 表示集中化指数，在 0~1 取值。N 为城市所属地域单元数目，P_i 和 S_i 分别为第 i 区域的人口和面积。当 I 趋近于 0 时，人口均匀分布；而当 I 接近于 1 时，人口分布最为集中。

2. 洛伦兹曲线

空间洛伦兹曲线用来分析地理事物在空间上的集中分散程度。曲线越均匀，人口分布越均匀。其构建方法为：计算各分区人口比重与土地比重的比值，从大到小排列；计算各区县人口与用地比重的累计百分比；以用地累计百分比为横轴，以人口累计百分比为纵轴，绘制折线图。

3. 人口密度模型

人口密度是城市人口分布疏密程度最为直观的反应，是城市地理研究的重点领域，而人口密度分布模型则是其中的热点问题。根据系统参数和空间概念，人口密度模型可以分为单中心模型和多中心模型两种。前者形式较为简洁，意义更为明确，尤其是在早期城市人口分析时，能够较为简练地刻画城市人口密度的距离衰减规律。然而，随着城市蔓延和私人交通的快速发展，单中心城市逐渐向多中心城市演化。相应地，人口密度的多核心模型也就更加符合城市人口分布的实际情况。

（1）单中心人口密度模型。

单中心城市人口密度模型的研究历史较早，方法相对较为成熟，常见的模型有线性模型、对数模型、Clark 模型、Smeed 模型以及 Newling 模型等。这里采用 Clark 模型进行单中心人口密度拟合，计算方法为：

$$D(r) = D(0) e^{br} \qquad (4-20)$$

其中，D(x) 为人口密度，D(0) > 0，b < 0，D(0) 是理想城市中心的人口密度值，b 是人口密度梯度，反映密度变化的快慢程度。

（2）多中心人口密度模型。

随着多核心城市空间结构的兴起，人口郊区化以及边缘区新城的兴起，多中心人口密度模型引起了人们更多的关注。而且，从模型本身来看，多个中心的设定和解释也似乎能更为贴切地描述城市人口分散化发展的趋势。

$$D(r) = \sum_{n=1}^{N} (a_n e^{b_n r_{mn}}) \tag{4-21}$$

其中，m = 1，2，…，M。M 为街道数量，N 为城市中心数量，r_{mn} 为街区 m 到中心 n 的距离，a_n 和 b_n 为参数。D(r) 为人口密度，$a_0 > 0$，$b_0 < 0$。

4. 因子生态分析

"物以类聚，人以群分"，人类社会的聚居和分异特征古已有之。氏族部落是原始社会组织的一般形式，而庄园领地则是奴隶社会和封建社会空间组织的重要表现；到了资本主义社会，贫富的差距、政治地位的鸿沟以及种族的分化，使大城市的社会空间孕育出形形色色的阶层，进而形成相互隔离的聚居区。在农村地区，外来人口较少，社会组成和人口结构相对稳定，人们通常以姓氏和血缘来进行空间组织，方便亲情联系和友好往来；而在大城市地区，外来人口较多，社会空间变动相对复杂，经济收入、社会地位等因素作用于个体或人群的行为决策，进而影响特定阶层的空间分布，最终形成"大杂居、小聚居"的异质性格局。因子生态分析就是基于以上异质性特征，一种有效的社会空间分析方法。这种方法在国外用于城市社会空间分析始见于 20 世纪中叶，而从中国的发展历程来看，80 年代末才有学者进入进来。因子生态分析已经发展成为国外一种较为成熟的城市社会空间分析方法，但由于受到统计资料的多方面因素的限制，中国在这方面的研究还需要更多的实证案例加以完善。

从本质上来看，这种方法是通过对人口海量数据库的数据挖掘，发掘内在的关于社会空间的相关信息，通常包括以下几个步骤：第一，划分统计单元，获取人口统计数据，如人口普查数据。第二，构建指标体系，指标体系可以涉及人口特征、经济属性等，反映社会空间的重要特征。第三，构造资料矩阵，进行因子分析，按因子载荷量高低对其进行分类和命名，将所得因子作为社会空间分异的支配因素。第四，计算因子载荷矩阵与资料矩阵的乘积，得到因子分数图；通过聚类分析，构建二维社会空间结构模型。如表 4-31 所示，纵列的"职业""受教育程度"等是社会特征描述变量；横行的指标是从六个描述变量中提取的主因子，符号"●"表示因子与变量相关程度高，而"○"则表示因子与变量的相关程度低。换言之，"经济状况"与"行业""职业""受教育程度"较为相关，而"家庭状况"则由"家庭主妇"和"单身人士"所决定，"民族构成"由社区中的"黑人比例"所决定。

表 4 - 31   因子生态分析载荷矩阵

	家庭状况	经济状况	种族状况
行业	○	●	○
职业	○	●	○
受教育程度	○	●	○
家庭主妇	●	○	○
单身人士	●	○	○
黑人比例	○	○	●

因子生态分析的优点在于，通过主成分分析等技术环节，实现了社会空间结构多因子的降维处理，能够较为清晰地认识到研究对象的外在特征，从而在庞杂的数据中发现内在的机制，构建直观的社会空间布局模式。

4.4.2 数据来源与处理

对于社会空间结构的研究，主要依托于人口数据，包括第三、第四和第五次人口普查数据，2005 年全国 1% 人口抽样调查数据，1978～2009 年相关案例城市统计年鉴和统计公报中所涉及的人口数据指标，以及其他人口数据。

随着城市化进程的加快，城市规模日渐扩大，中国行政区划调整日益频繁；尤其是在快速城市化地区和城市边缘区，区划调整更为普遍。行政区划调整，包括区县乡镇以及街区一级的变动，都会对社会区分析的基本单元、统计口径以及统计指标产生不同程度的影响。在应用分街区人口数据进行社会空间分析时，势必受到街区一级区划调整的影响。因此，将相关街区进行规整合并，构建相应的"社会区单元"，作为社会空间结构统计分析的基本构成单位。

由于每次人口普查时，采用的统计项存在差异，考虑到指标的延续性与可比性，将部分数据项进行合并处理。例如，就户口登记而言，在第三和第四次人口普查的数据中，分为以下几个部分：常住本地、户口在本地；常住本地一年以上，户口在外地；入住本地不满一年，离开户口登记地一年以上；入住本地，户口待定；原住本地，现在国外工作或学习，暂无户口。可以将第一项作为常住户籍人口，而中间三项作为外来人口，对 1982 年和 1990 年的情况进行分解分析。

相比而言，第五次人口普查统计项发生变化。户口登记分为以下几个部分：

居住本乡镇街道，户口在本乡镇街道；居住本乡镇街道半年以上，户口在外乡镇街道；在本乡镇街道居住不满半年，离开户口登记地半年以上；居住本乡镇街道，户口待定；原住本乡镇街道，现在国外工作学习，暂无户口。而根据户口登记，迁移人口可以分为：本县（市）其他乡；本县（市）其他镇；本县（市）其他街道；本市区其他乡；本市区其他镇；本市区其他街道；本省其他县（市）、市区；省外。在以北京市"五普"人口为数据源时，将迁移人口中的前七项与人口户籍登记中的第一项之和，作为常住户籍人口。以迁移人口中的最后一项与人口户籍登记中的第四项之和，作为本市外来人口。

4.4.3　人口空间流动

人口空间分布和迁移，是人口数量的变动在空间上的直观表现，受到社会制度、经济条件、个人偏好、设施水平等多种因素的诱导。

人口的空间分布与社会历史阶段、生产力水平相一致的。一方面，在传统的农业社会，自然经济占据主体地位，人们的乡土观念浓重，"故土难离"；另一方面，人们的出行能力也相对有限，出行范围约束在一个由血缘关系的人群构成的地理网络内，个体之间的认知度较高，社会关系较为稳定。随着社会发展和生产力水平的提升，商业经济成为重要的交换方式，人们的交往需求空前提高；另外，交通条件的改善，也使个体的出行能力显著提高，出行成本明显减低，出行范围不断得到扩充。尤其是高等级公路和私人汽车的出现，将人们的出行能力提升到一个前所未有的阶段。换言之，社会经济的发展和生活水平的改善，为人口迁移提供了基础条件。

城市中心与边缘的生活成本差异，为城市人口迁移提供了主观条件。改革开放以来，传统的"单位制"组织模式逐渐消失，取而代之的是土地市场化和居住商品化。级差地租造就了高额的房价和容积率，驱使着大部分的中低收入消费人群流向郊区，以获得私人的低成本生活空间。另外，高收入阶层利用便捷的交通设施和稳定的资金条件，在郊区选择低密度住宅或景观房产，改善居住条件，以达到逃离污染、嘈杂、压力，提高生活品质的目的。

另外，城市化也是人口空间分布变动的直接推动力量。城市化率每提高1个百分数，城市所承载的人口压力就会显著增加。涌入城市的人群，需要更多的生活空间和物质，在这种情况下，就会发生如生态系统一样的侵入和演替过程。空间竞争的结果，就使优势群体获得较好的生活空间，而处于弱势地位的群体，在空间选择方面的自由度就小得多。这种侵入与演替的过程伴随城市化发展的全过程，尤其是在快速城市化地区，这种更替更为频繁。最终，这种类似于生物学概念的侵入和演替，会潜移默化地改变人口分布格局，形成内城重组和郊区化的双重结果。

从中国九大城市 1985～2005 年的人口宏观分布格局来看，市区人口的比重都有不同程度的提升。然而，这种数量的增长和比例的提高具有一定的隐蔽性。市区人口的增加和比例的提升，不仅仅是人口的向心流动造成的；换言之，很多因素能够造成市区人口的快速增长，"县改区"就是其中的一个重要推动力。计划经济时期，为保证中心城市的农副产品供应，许多大城市都设有郊区；但随着经济的发展和中心城区人口的增多，有些大城市空间不足，与周边的县级单元在经济布局和设施建设上存在不同程度的雷同，不得不撤县设区。另外，随着城市人口的迅速增长，城区规模显著扩大，原有的地域范围难免束缚城市经济的发展壮大，这使"整县改市"成为获取发展空间的有效手段，这种现象在北京、上海、南京、广州、杭州等大城市都有发生。

然而，在审视 1985～2005 年的五个时间点人口密度指标时，就可以明显看出，在全市人口密度普遍增加的大背景下，一些大城市市区人口密度反而呈现下降趋势，这反映出人口外迁的真实情况。

通过缩小研究区域，以北京圈层人口变动为切入点，能更为精确地发现人口外迁的真实情况。1982～2008 年北京市分圈层总人口变动趋势来看，没有较为直观的特征表现。而 1982～2008 年北京市分圈层户籍人口变动趋势来看，中心区人口持续减少，近郊区增长强度最大，而远郊区人口的增长则相对较缓，人口的郊区化趋势一目了然；甚至在进入 21 世纪以来，人口外迁的趋势进一步加强。其中，外来人口的增长，在一定程度上掩盖了人口外迁的真实强度（见图 4-9～图 4-11、表 4-32～表 4-35）。

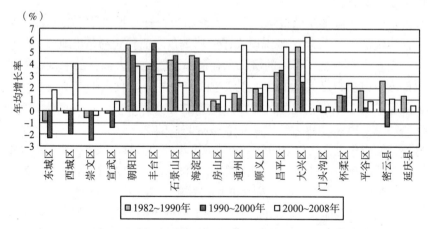

图 4-9　1982～2008 年北京市分圈层总人口增长

资料来源：人口普查数据及《北京市统计年鉴》。

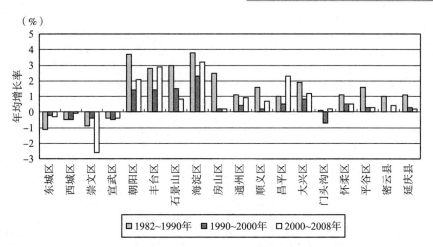

图 4 – 10 1982～2008 年北京市分圈层户籍人口增长

资料来源：人口普查数据及《北京市统计年鉴》。

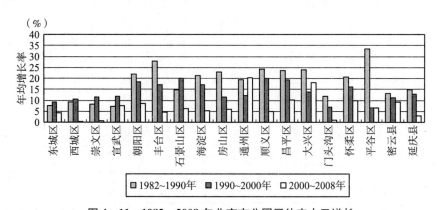

图 4 – 11 1982～2008 年北京市分圈层外来人口增长

资料来源：人口普查数据及《北京市统计年鉴》。

表 4 – 32　　　　　　　　　1985～2005 年中国九大城市人口宏观布局

城市	年份	人口（万人）			人口比重（%）		人口密度（人/km²）	
		总量	市区	非农业	市区人口	非农业	全市	市区
北京	1985	957.9	586.03	572.50	61.18	59.77	570	2140
	1990	1035.71	699.51	640.42	67.54	61.83	616	1531
	1995	1076.98	733.72	698.04	68.13	64.81	641	1606
	2000	1107.53	974.14	760.70	87.96	68.68	659	1500
	2005	1180.70	1110.60	880.20	94.06	74.55	719.5	911.22

续表

城市	年份	人口（万人）			人口比重（%）		人口密度（人/km²）	
		总量	市区	非农业	市区人口	非农业	全市	市区
上海	1985	1216.69	698.3	843.37	57.39	69.32	1967	19895
	1990	1283.35	783.48	864.46	61.05	67.36	2024	10460
	1995	1301.37	956.66	921.7	73.51	70.83	2052	4651
	2000	1321.63	1136.82	986.16	86.02	74.62	2084	2897
	2005	1360.26	1290.14	1148.94	94.85	84.46	2078.95	1971.79
天津	1985	808.4	538.09	447.65	66.56	55.37	715	1258
	1990	870.46	577.10	487.41	66.30	55.99	770	1350
	1995	898.58	594.02	510.20	66.11	56.78	754	1370
	2000	912.00	682.05	532.51	74.79	58.39	765	1154
	2005	939.31	769.60	562.40	81.93	59.87	788.01	1037.48
广州	1985	710.39	328.88	317.82	46.30	44.74	427	2278
	1990	594.25	357.94	341.39	60.23	57.45	799	2479
	1995	646.71	385.38	395.28	59.59	61.12	870	2669
	2000	700.69	566.68	436.11	80.87	62.24	943	1524
	2005	750.53	617.28	517.23	82.25	68.92	1009.59	1606.25
武汉	1985	608.39	339.60	337.22	55.82	55.43	740	2181
	1990	669.75	375.05	374.47	56.00	55.91	791	2305
	1995	710.01	512.52	406.68	72.18	57.28	839	1084
	2000	749.19	749.19	441.14	100.00	58.88	885	885
	2005	801.36	801.36	503.10	100.00	62.78	943.44	943.44
西安	1985	553.11	232.80	201.91	42.09	36.50	555	2704
	1990	608.89	275.67	226.98	45.27	37.28	610	2586
	1995	648.21	298.27	255.71	46.01	39.45	649	2798
	2000	688.01	393.47	285.79	57.19	41.54	689	2003
	2005	741.73	533.21	333.14	71.89	44.91	733.80	1488.58
沈阳	1985	532.74	420.12	340.35	78.86	63.89	626	1202
	1990	570.29	453.87	377.10	79.59	66.12	670	1299
	1995	666.79	472.81	415.08	70.91	62.25	514	1353
	2000	685.10	485.04	433.32	70.80	63.25	528	1388
	2005	698.57	495.89	450.37	70.99	64.47	439	1109
南京	1985	465.77	224.98	226.70	48.30	48.67	715	2595
	1990	501.82	249.75	236.22	49.77	47.07	770	2637
	1995	521.72	265.8	259.04	50.95	49.65	801	2723
	2000	544.89	289.52	309.52	53.13	56.80	826	2822
	2005	595.80	513.39	435.3	86.17	73.06	905.2	1087

续表

城市	年份	人口（万人）			人口比重（%）		人口密度（人/km²）	
		总量	市区	非农业	市区人口	非农业	全市	市区
大连	1985	485.26	162.91	206.44	33.57	42.54	386	1534
	1990	517.80	239.64	223.49	46.28	43.16	412	992
	1995	534.66	254.74	249.81	47.65	46.72	425	1055
	2000	551.47	267.78	275.35	48.56	49.93	439	1109
	2005	565.33	281.11	317.44	49.72	56.15	449.69	1164.02

表4-33　　　　　1982～2008年北京市分圈层总人口增长

地域范围		1982～1990年		1990～2000年		2000～2008年	
		总增长率	年均增长率	总增长率	年均增长率	总增长率	年均增长率
市域		19.8	2.3	21.9	2.0	24.9	2.8
中心区	东城区	-6.7	-0.9	-21.1	-2.3	15.5	1.8
	西城区	-1.6	-0.2	-18.6	-2.0	36.6	4.0
	崇文区	-4.9	-0.6	-22.6	-2.5	-3.1	-0.4
	宣武区	-1.3	-0.2	-12.9	-1.4	6.5	0.8
	小计	-3.5	-0.4	-18.6	-2.0	17.3	2.0
近郊区	朝阳区	54.4	5.6	58.1	4.7	34.6	3.8
	丰台区	34.9	3.8	73.5	5.7	28.0	3.1
	石景山区	40.5	4.3	58.3	4.7	20.7	2.4
	海淀区	44.6	4.7	55.2	4.5	30.8	3.4
	小计	45.5	4.8	60.1	4.8	30.8	3.4
远郊区	房山区	7.7	0.9	6.3	0.6	11.2	1.3
	通州区	12.7	1.5	11.8	1.1	54.2	5.6
	顺义区	16.1	1.9	16.1	1.5	20.3	2.3
	昌平区	29.2	3.3	41.7	3.5	53.2	5.5
	大兴区	53.2	5.5	28.1	2.5	63.5	6.3
	门头沟区	4.2	0.5	-1.1	-0.1	3.0	0.4
	怀柔区	11.5	1.4	13.4	1.3	20.9	2.4
	平谷区	15.6	1.8	2.8	0.3	7.3	0.9
	密云县	23.1	2.6	-12.5	-1.3	8.8	1.1
	延庆县	10.5	1.3	0.4	0.0	4.4	0.5
	小计	17.7	2.1	11.4	1.1	29.3	3.3

资料来源：北京市第三次、第四次、第五次人口普查资料，北京市各区县国民经济与社会发展统计公报。

表 4 - 34　　　　　　　1982～2008 年北京市分圈层户籍人口增长

地域范围		1982～1990 年		1990～2000 年		2000～2008 年	
		总增长率	年均增长率	总增长率	年均增长率	总增长率	年均增长率
市域		12.9	1.5	6.0	0.6	11.1	1.3
中心区	东城区	-8.7	-1.1	-2.2	-0.2	-2.5	-0.3
	西城区	-3.9	-0.5	-4.5	-0.5	-1.1	-0.1
	崇文区	-6.7	-0.9	-3.7	-0.4	-19.1	-2.6
	宣武区	-2.8	-0.4	-4.8	-0.5	-3.2	-0.4
	小计	-5.5	-0.7	-3.8	-0.4	-5.1	-0.7
近郊区	朝阳区	33.9	3.7	14.6	1.4	18.2	2.1
	丰台区	24.7	2.8	15.2	1.4	25.4	2.9
	石景山区	26.4	3.0	16.4	1.5	6.9	0.8
	海淀区	34.3	3.8	25.1	2.3	28.9	3.2
	小计	31.5	3.5	18.6	1.7	22.7	2.6
远郊区	房山区	21.5	2.5	2.3	0.2	1.7	0.2
	通州区	9.5	1.1	4.2	0.4	7.8	0.9
	顺义区	13.2	1.6	2.4	0.2	5.5	0.7
	昌平区	8.5	1.0	4.9	0.5	19.9	2.3
	大兴区	16.1	1.9	8.6	0.8	10.1	1.2
	门头沟区	0.8	0.1	-6.7	-0.7	1.7	0.2
	怀柔区	9.1	1.1	5.5	0.5	3.7	0.5
	平谷区	13.3	1.6	3.5	0.3	2.1	0.3
	密云县	8.3	1.0	-0.2	0.0	3.1	0.4
	延庆县	8.9	1.1	3.0	0.3	1.4	0.2
	小计	12.0	1.4	3.1	0.3	6.0	0.7

资料来源：北京市第三次、第四次、第五次人口普查资料，北京市各区县国民经济与社会发展统计公报。

表 4 - 35　　　　　　　1982～2008 年北京市分圈层外来人口增长

地域范围		1982～1990 年		1990～2000 年		2000～2008 年	
		总增长率	年均增长率	总增长率	年均增长率	总增长率	年均增长率
市域		272.2	17.9	325.5	15.6	81.3	7.7
中心区	东城区	76.5	7.4	140.0	9.1	40.3	4.3
	西城区	100.0	9.1	175.0	10.6	1.8	0.2
	崇文区	88.9	8.3	200.0	11.6	3.9	0.5
	宣武区	75.0	7.2	204.8	11.8	79.7	7.6
	小计	86.2	8.1	175.0	10.6	28.3	3.2

续表

地域范围		1982～1990 年		1990～2000 年		2000～2008 年	
		总增长率	年均增长率	总增长率	年均增长率	总增长率	年均增长率
近郊区	朝阳区	390.0	22.0	431.6	18.2	91.6	8.5
	丰台区	610.0	27.8	376.1	16.9	44.7	4.7
	石景山区	200.0	14.7	514.3	19.9	61.2	6.2
	海淀区	369.2	21.3	386.1	17.1	52.8	5.4
	小计	395.2	22.1	406.7	17.6	64.5	6.4
远郊区	房山区	416.7	22.8	193.5	11.4	59.3	6.0
	通州区	316.7	19.5	216.0	12.2	339.2	20.3
	顺义区	466.7	24.2	511.8	19.9	48.1	5.0
	昌平区	440.0	23.5	485.2	19.3	116.5	10.1
	大兴区	450.0	23.8	266.7	13.9	276.0	18.0
	门头沟区	142.9	11.7	94.1	6.9	9.1	1.1
	怀柔区	350.0	20.7	344.4	16.1	115.0	10.0
	平谷区	900.0	33.4	90.0	6.6	68.4	6.7
	密云县	166.7	13.0	187.5	11.1	104.3	9.3
	延庆县	200.0	14.7	233.3	12.8	25.0	2.8
	小计	346.3	20.6	276.0	14.2	142.6	11.7

资料来源：北京市第三次、第四次、第五次人口普查资料，北京市各区县国民经济与社会发展统计公报。

4.4.4　人口密度重构

随着人口空间分布的宏观变化，人口密度在空间上也会有相应的响应。一般而言，在城市发展的初期，由于要素的集聚较为集中，人口密度在空间上也较多地表现出单中心的模式。但随着逆城市化、人口郊区化以及卫星城的发展，人口密度多中心化趋势逐渐形成。根据三次人口普查数据以及 2008 年人口数据，计算北京市人口分布的集中指数。改革开放以来，人口集中指数呈现增加趋势，均衡的人口分布状况逐渐被打破，人口在空间上向着几个中心集中发展（见图4－12）。

通过计算空间洛伦兹曲线，得到如图4－13所示的对比曲线。可以看出，人口空间洛伦兹曲线不断向外凸出，进一步显示出人口的局部集中化趋势。

随着市区地价和房价的上涨，人们对低密度住宅和生态环境的需求逐渐提升，同时由于交通网络和工具的发展，市中心人口密度下降，多中心人口密度格

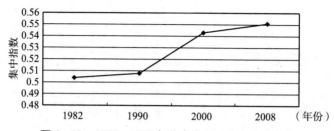

图4－12 1982～2008年北京市人口分布集中指数

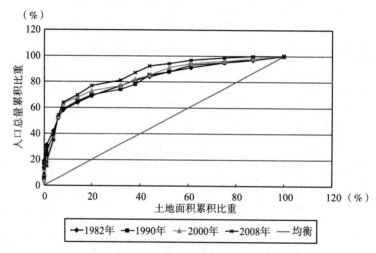

图4－13 1982～2008年北京市人口空间洛伦兹曲线

局将成为未来大城市发展的趋势。另外，行政区划的调整和郊区的快速发展，同样能够催生多中心人口密度结构。例如，天津市人口密度因行政区域和地理区域不同而相差悬殊。从《天津市统计年鉴》来看，市内六个区人口最为集中稠密，1996年平均人口密度为22116人/平方公里；其次是新四区，人口密度为685人/平方公里；最后是滨海三区及五县，人口密度分别为417人/平方公里和400人/平方公里。到2008年年底，天津市市内六区的人口密度减少为21968人/平方公里，而滨海三区的人口密度则增长为483人/平方公里。随着滨海新区的开发建设，以及"双城双港"空间模式的提出和实施，人口的密度分布将会发生空间转换，孕育出多中心人口密度结构。

4.4.5　社会空间分异

随着市场经济步伐的推进，收入的差异已经成为客观的事实。再加上所从事行业、职业的不同，使人口的集聚出现分化，社会空间分异化程度提升，新的阶层逐渐显现，原有的"两个阶级、一个阶层"的简单模式不复存在。利用三次人口普查数据，通过因子生态分析，可以识别出三个时段阶层的变化。

以 1982 年人口因子生态分析为例。采用 SPSS 软件为工具，对 328 个街区和 50 个变量构成的原始矩阵，进行主成分分析。得到如图 4-14 所示的碎石图。从图 4-14 可以看出，提取 4 个因子，就可以得到 78% 的方差解释量。

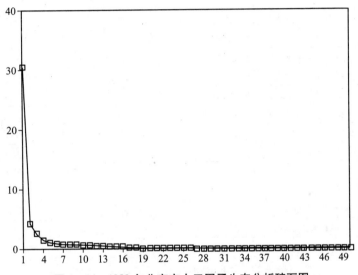

图 4-14 1982 年北京市人口因子生态分析碎石图

采用类似的方法，可以得到 1982 年、1990 年和 2000 年的社会空间结构主因子载荷矩阵（见表 4-36、表 4-37 和表 4-38）。

表 4-36　　　　　　　　1982 年北京市社会空间结构主因子载荷矩阵

变量名称	计量单位	1	2	3	4
概况指标	人口总数（人）	0.957	0.230	0.056	0.036
	家庭户数（户）	0.961	0.253	0.012	-0.023
	家庭户平均每户人数（人/户）	-0.323	0.223	0.087	0.013
	劳动年龄人口数（人）	0.977	0.166	0.024	0.053
性别比例	性别比（女=100）	0.051	-0.367	-0.119	0.660
户口类型	常住户籍人口数量（人）	0.960	0.252	0.056	0.030
	外来人口数量（人）	0.881	-0.068	0.054	0.217
	常住本地，户口在本地人口数量（人）	0.960	0.252	0.056	0.030

续表

变量名称	计量单位	1	2	3	4
户口类型	常住本地一年以上，户口在外地（人）	0.871	−0.164	0.027	0.167
	入住本地不满一年，离开户口登记地一年以上（人）	0.890	−0.073	0.157	−0.089
	入住本地户口待定（人）	0.377	0.397	0.128	0.333
	原住本地，现在国外工作或学习，暂无户口（人）	0.207	−0.234	0.413	−0.149
	有常住户口已外出一年以上的人口（人）	0.735	−0.052	0.357	0.054
文化构成	6岁及以上文盲、半文盲人口数（人）	0.604	0.745	0.161	0.062
	6岁及以上小学教育程度人口数（人）	0.822	0.514	0.133	0.103
	6岁及以上初中教育程度人口数（人）	0.939	0.296	−0.059	0.037
	6岁及以上高中教育程度人口数（人）	0.984	−0.004	−0.129	−0.015
	6岁及以上大学肄业或在校人口数（人）	0.514	−0.427	0.552	0.124
	6岁及以上大学毕业人口数（人）	0.337	−0.346	0.844	−0.074
主要少数民族构成	蒙古族人口数量（人）	0.718	−0.143	0.166	−0.175
	回族人口数量（人）	0.625	0.241	−0.142	0.028
	朝鲜族人口数量（人）	0.567	−0.338	0.411	−0.088
	满族人口数量（人）	0.647	0.148	0.003	−0.140
行业构成	农林牧渔业人口数量（人）	−0.370	0.775	0.457	0.026
	矿业及木材采运业人口数量（人）	−0.028	−0.064	−0.143	0.709
	电力、煤气、自来水的生产和供应业的人口数量（人）	0.592	−0.016	−0.315	−0.012
	制造业人口数量（人）	0.903	0.141	−0.260	−0.017
	地质勘探和普查业的人口数量（人）	0.255	−0.260	0.135	0.369
	建筑业的人口数量（人）	0.877	−0.030	−0.067	0.021
	交通运输、邮电通信业的人口数量（人）	0.835	0.046	−0.295	0.089
	商业、饮食业、物资供销及仓储业的人口数量（人）	0.931	0.026	−0.290	−0.022
	住宅管理、公用事业管理和居民服务业的人口数量（人）	0.915	−0.017	−0.223	−0.155
	卫生、体育和社会福利事业人口数量（人）	0.918	−0.039	−0.121	−0.104
	教育卫生、体育和社会福利事业人口数量（人）	0.336	−0.272	0.844	0.020
	科学研究和综合技术服务事业的人口数量（人）	0.383	−0.364	0.679	−0.069
	金融保险业的人口数量（人）	0.814	−0.006	−0.190	−0.088

续表

变量名称	计量单位	1	2	3	4
职业构成	各类专业、技术人员数量（人）	0.874	-0.112	-0.080	-0.151
	国家机关、党群组织、企事业单位负责人数量（人）	0.948	-0.203	0.177	-0.044
	办事人员和有关人员数量（人）	0.953	-0.102	-0.047	-0.074
	商业工作人员数量（人）	0.951	-0.099	-0.095	-0.070
	服务性工作人员数量（人）	0.935	0.066	-0.279	-0.033
	农林牧渔劳动者数量（人）	-0.379	0.768	0.459	0.011
	生产工人、运输工人和有关人员数量（人）	0.969	0.023	-0.199	0.023
不在业人口构成	在校学生数量（人）	0.939	0.133	-0.220	0.068
	家务劳动人口数量（人）	0.765	-0.263	0.413	0.145
	待升学人口数量（人）	0.574	0.695	0.209	0.036
	待国家统一分配人口数量（人）	0.894	-0.164	0.191	-0.040
	市镇待业人口数量（人）	0.654	-0.203	0.177	-0.086
	退休退职人口数量（人）	0.898	-0.077	-0.198	0.101

表 4 - 37　　　　　　**1990 年北京市社会空间结构主因子载荷矩阵**

变量名称	计量单位	1	2	3	4
概况指标	人口总数（人）	0.870	0.446	0.110	0.116
	家庭户占总户数百分比（%）	-0.005	-0.170	0.219	-0.779
	家庭户平均每户人数（人/户）	-0.408	0.065	0.359	-0.265
性别比例	性别比（女 = 100）	-0.023	0.056	-0.216	0.608
户口类型	常住户籍人口数量（人）	0.886	0.428	0.114	0.083
	外来人口数量（人）	0.580	0.504	0.037	0.540
	常住本县市，户口在本县市人口数量（人）	0.886	0.428	0.114	0.083
	常住本县市一年以上，户口在外县市（人）	0.558	0.520	-0.052	0.538
	入住本县市不满一年，离开户口登记县市一年以上（人）	0.502	0.207	0.039	0.609
	入住本县市户口待定（人）	0.231	0.034	0.773	-0.034
	原住本县市，现在国外工作或学习，暂无户口（人）	0.314	0.868	-0.118	0.052

变量名称	计量单位	1	2	3	4
文化构成	6 岁及以上文盲、半文盲人口数（人）	0.839	0.135	0.421	-0.018
	6 岁及以上小学教育程度人口数（人）	0.890	0.226	0.342	0.108
	6 岁及以上初中教育程度人口数（人）	0.847	0.265	0.267	0.219
	6 岁及以上高中教育程度人口数（人）	0.902	0.371	-0.140	0.082
	6 岁及以上中专教育程度人口数（人）	0.849	0.437	-0.134	0.109
	6 岁及以上大学专科教育程度人口数（人）	0.716	0.647	-0.161	0.044
	6 岁及以上大学本科人口数（人）	0.325	0.916	-0.083	0.121
行业构成	农林牧渔业及水利业人口数量（人）	-0.265	-0.165	0.886	-0.136
	工业人口数量（人）	0.887	0.143	-0.052	0.158
	地质普查和勘探业人口数量（人）	0.114	0.455	0.052	0.272
	建筑业人口数量（人）	0.650	0.468	-0.025	0.357
	交通运输、邮电通信业人口数量（人）	0.733	-0.009	0.032	0.274
	商业、公共饮食业、物资供销及仓储业人口数量（人）	0.629	0.392	-0.078	0.069
	房地产管理、公用事业管理和居民服务咨询业人口（人）	0.818	0.420	-0.238	-0.007
	卫生、体育和社会福利事业人口数量（人）	0.810	0.463	-0.139	0.097
	教育、文化艺术和广播电视事业的人口数量（人）	0.554	0.782	-0.056	0.132
	科学研究和综合技术服务业的人口数量（人）	0.306	0.811	-0.120	0.042
	金融保险业的人口数量（人）	0.809	0.355	-0.066	0.090
	国家机关、政党机关和社会团体的人口数量（人）	0.797	0.368	-0.051	0.081
职业构成	各类专业、技术人员数量（人）	0.691	0.696	-0.118	0.082
	国家机关、党群组织、企事业单位负责人数量（人）	0.827	0.505	-0.098	0.076
	办事人员和有关人员数量（人）	0.800	0.400	-0.139	0.109
	商业工作人员数量（人）	0.890	0.293	-0.101	0.083
	服务性工作人员数量（人）	0.883	0.374	-0.131	0.173
	农林牧渔劳动者数量（人）	-0.271	-0.156	0.879	-0.159
	生产工人、运输工人和有关人员数量（人）	0.714	0.161	-0.044	0.165

续表

变量名称	计量单位	1	2	3	4
不在业人口构成	在校学生数量（人）	0.377	0.824	0.060	0.217
	料理家务人口数量（人）	0.682	0.039	0.535	0.005
	待升学人口数量（人）	0.572	0.234	0.211	0.014
	市镇待业人口数量（人）	0.844	0.381	-0.242	0.043
	离休退休退职人口数量（人）	0.876	0.339	-0.234	-0.002
	丧失劳动能力人口数量（人）	0.095	-0.083	0.883	-0.137

表 4-38　　　　　2000 年北京市社会空间结构主因子载荷矩阵

变量名称	计量单位	1	2	3	4	5
概况指标	人口总数（人）	0.965	0.156	-0.012	0.056	0.066
	家庭户占总户数百分比（%）	-0.316	0.276	-0.544	-0.163	-0.056
	家庭户平均每户人数（人/户）	-0.156	0.107	-0.061	0.113	0.034
性别比例	性别比（女=100）	0.001	-0.173	0.481	-0.017	-0.002
年龄构成	0~14 岁人口数量（人）	0.844	0.485	-0.119	0.025	0.041
	15~64 岁人口数量（人）	0.985	0.111	0.005	0.030	0.071
	65 岁及以上人口数量（人）	0.868	-0.077	-0.416	-0.023	0.081
户口类型	常住户籍人口数量（人）	0.947	0.144	-0.223	0.067	-0.018
	外来人口数量（人）	0.773	0.094	0.478	-0.128	0.274
	居住本乡镇街道，户口在本乡镇街道人口数量（人）	0.869	0.214	-0.329	0.138	0.010
	居住本乡镇街道一年以上，户口在外乡镇街道人口数量（人）	0.888	0.023	0.315	-0.167	0.117
	在本乡镇街道居住不满一年，离开户口登记地一年以上（人）	0.752	-0.029	0.359	0.020	0.003
	居住本乡镇街道户口待定（人）	0.389	0.040	0.070	0.130	0.545
	原住本乡镇街道，现在国外工作或学习，暂无户口（人）	0.349	-0.367	0.003	0.130	0.458
文化构成	6 岁及以上未上过学人口数量（人）	0.468	0.719	-0.171	-0.048	0.239
	6 岁及以上扫盲班人口数量（人）	0.619	0.290	-0.102	0.000	0.214
	6 岁及以上小学教育程度人口数量（人）	0.670	0.635	-0.008	-0.015	0.142
	6 岁及以上初中教育程度人口数量（人）	0.790	0.506	0.149	-0.111	0.147
	6 岁及以上高中教育程度人口数量（人）	0.927	0.018	-0.113	-0.134	0.011

变量名称	计量单位	1	2	3	4	5
文化构成	6岁及以上中专教育程度人口数量（人）	0.920	0.084	−0.091	−0.087	−0.136
	6岁及以上大学专科教育程度人口数量（人）	0.927	−0.130	−0.089	0.123	−0.089
	6岁及以上大学本科人口数量（人）	0.785	−0.287	−0.001	0.474	0.037
	6岁及以上大学研究生人口数量（人）	0.557	−0.349	0.124	0.602	0.125
主要少数民族构成	蒙古族人口数量（人）	0.840	−0.197	0.060	0.219	0.122
	回族人口数量（人）	0.595	−0.102	−0.233	−0.084	−0.003
	朝鲜族人口数量（人）	0.723	−0.189	0.266	0.285	0.024
	满族人口数量（人）	0.728	0.023	−0.023	0.023	−0.062
行业构成	农林牧渔业人口数量（人）	−0.327	0.663	−0.153	0.365	0.325
	采掘业人口数量（人）	−0.098	−0.005	0.068	−0.058	−0.053
	制造业人口数量（人）	0.740	0.309	0.074	−0.299	−0.022
	电力、燃气及水的生产和供应业人口数量（人）	0.635	−0.002	−0.131	−0.253	−0.226
	建筑业人口数量（人）	0.782	0.203	0.352	−0.004	−0.012
	地质勘查业、水利管理业的人口数量（人）	0.380	0.105	0.121	0.188	−0.256
	交通运输、仓储及邮电通信业的人口数量（人）	0.660	0.315	−0.041	−0.213	−0.106
	批发、零售贸易、餐饮业的人口数量（人）	0.925	0.017	0.135	−0.184	0.180
	金融保险业人口数量（人）	0.877	−0.171	−0.220	0.057	−0.142
	房地产业人口数量（人）	0.902	−0.251	−0.064	0.027	−0.030
	社会服务业的人口数量（人）	0.953	−0.159	0.009	−0.043	0.083
	卫生、体育和社会服务业的人口数量（人）	0.902	−0.050	−0.190	−0.011	−0.143
	教育、文艺和广播电影电视业的人口数量（人）	0.906	−0.133	−0.061	0.305	−0.041
	科学研究和综合技术服务业的人口数量（人）	0.439	−0.341	−0.044	0.700	0.051
	国家机关、党政团体和社会团体的人口数量（人）	0.857	0.112	−0.186	−0.005	−0.257

续表

变量名称	计量单位	1	2	3	4	5
职业构成	各类专业、技术人员数量（人）	0.927	−0.185	−0.108	0.236	−0.073
	国家机关、党群组织、企事业单位负责人数量（人）	0.894	−0.142	−0.123	0.101	−0.121
	办事人员和有关人员数量（人）	0.941	−0.092	−0.117	−0.095	−0.097
	商业服务业人员数量（人）	0.915	0.053	0.151	−0.205	0.159
	农林牧渔水利业生产人员数量（人）	−0.329	0.654	−0.162	0.371	0.326
	生产运输设备操作人员及有关人员数量（人）	0.775	0.398	0.217	−0.250	−0.002
不在业人口构成	在校学生数量（人）	0.769	−0.134	0.040	0.360	0.105
	料理家务人口数量（人）	0.426	0.782	0.113	−0.085	−0.023
	离退休人口数量（人）	0.894	−0.248	−0.284	−0.115	0.019
	丧失工作能力人口数量（人）	−0.099	0.844	−0.192	0.265	0.005
	从未工作正在找工作人口数量（人）	0.829	0.138	−0.105	−0.238	−0.037
	失去工作正在找工作人口数量（人）	0.847	−0.123	−0.179	−0.336	0.047
家庭户住房构成	平均每户住房间数（间）	−0.542	0.409	0.018	0.363	0.035
	人均住房面积（m^2/人）	−0.229	0.351	0.261	0.398	−0.340
家庭户按照住房来源分的户数	自建住房的户数（户）	−0.163	0.875	0.050	0.128	0.293
	购买商品房的户数（户）	0.368	0.504	0.136	−0.030	−0.532
	购买经济适用房的户数（户）	0.608	0.380	0.153	−0.119	−0.382
	购买原公有住房的户数（户）	0.870	−0.211	−0.235	0.147	−0.157
	租用公有住房的户数（户）	0.780	−0.368	−0.296	−0.249	0.159
	租用商品房的户数（户）	0.472	0.243	0.573	−0.355	0.280
家庭户按构建住房费用分的户数	费用为1万元以下的户数（户）	−0.080	0.708	−0.362	0.113	0.232
	费用为1万~2万元以下的户数（户）	0.644	0.401	−0.345	0.206	−0.053
	费用为3万~5万元以下的户数（户）	0.831	0.164	−0.277	0.203	−0.048
	费用为5万~10万元以下的户数（户）	0.880	0.091	−0.134	0.173	−0.150
	费用为10万~20万元以下的户数（户）	0.796	0.298	0.147	0.120	−0.313
	费用为20万~30万元以下的户数（户）	0.564	0.450	0.266	−0.063	−0.425
	费用为30万~50万元以下的户数（户）	0.379	0.227	0.497	−0.169	−0.215
	费用为50万元以上的户数（户）	0.393	0.003	0.584	−0.021	−0.027

变量名称	计量单位	1	2	3	4	5
家庭户按月租房费用分的户数	费用为 20 元以下的户数（户）	0.430	−0.176	0.352	0.213	−0.083
	费用为 20～50 元的户数（户）	0.509	−0.283	−0.314	−0.403	0.270
	费用为 50～100 元的户数（户）	0.548	−0.315	−0.421	−0.335	0.209
	费用为 100～200 元的户数（户）	0.830	−0.238	−0.233	−0.232	0.016
	费用为 200～500 元的户数（户）	0.744	−0.130	0.215	−0.197	0.106
	费用为 500～1000 元的户数（户）	0.374	0.001	0.403	−0.138	0.342
	费用为 1000～1500 元的户数（户）	0.719	−0.055	0.328	−0.123	0.298
	费用为 1500～2000 元的户数（户）	0.718	−0.252	0.248	0.147	0.163
	费用为 2000 元以上的户数（户）	0.600	−0.288	0.177	0.346	0.101

从 1982 年北京市社会区空间结构因子载荷矩阵来看，社会阶层可以划分为工人、农民、知识分子以及地质采矿工作人员。其中，工人阶层与第一主因子相关联。主要的特征从事电力、煤气、自来水的生产和供应业，以及建筑和交通运输等行业。这一因子与外来人口和少数民族也存在较大的正相关性。第二主因子反映从事农林牧渔业的人口，可以看出，家庭户数与文盲、半文盲与这一因子有着很大的关联。这说明当时农村家庭户人口数量较多，而同时文化层次相对较低。第三主因子体现知识分子阶层，突出表现在较高的学历层次，从事教育和科学研究等知识型工作。第四主因子体现地质采矿工作人员，与性别比、从事矿业人口数量、从事地质勘探人口数量呈现明显的正相关。

从表 4-37 可以看出，1990 年的因子载荷矩阵发生了微妙的变化，突出表现在第四个因子上。前三个主因子依次表现工人、知识分子和农民阶层。而第四个主因子与外来人口正相关，体现出外来人口在社会阶层中的特殊地位。

同样，从表 4-38 的 2000 年北京市社会区空间结构因子载荷矩阵来看，提取五个主因子，对应的阶层类型可以确定为工人、农民、知识分子、采掘行业以及外来流动人口。第一主因子与文化构成中的本科人口呈现正相关关系，显示出工人队伍学历层次的提升。

对比三个时间点的社会区因子载荷矩阵可以发现，社会空间分异程度呈现多样化趋势，外来人口和流动人口的作用有所加强。

4.5

文化空间演变分析

文化是一种符号，一种象征，一种意识，它是长期的历史积淀而成的结果。

对于城市而言，文化更像是一种性格，代表着这座城市形成与发展的每一个侧面。文化是城市的一种个性，城市文脉是一座城市区别于其他城市的根本标志之一。小桥流水、粉墙黛瓦展示着江南城镇的婉约柔美，箭楼高耸、金瓦朱墙诉说着京畿重地的显赫历史和帝都风貌。随着开发开放程度的加快，转型期大城市文化的多元性成为必然趋势；在这一过程中，"文明的冲突"和传统文化的失语时有发生。文化空间的演变凸显在异质性文化空间侵入、文化景观嬗变、地名空间失落与趋同，以及传统民俗空间的退化。

4.5.1　异质性文化空间侵入

文化的流变是一个长期的过程，城市文脉的培育也并非短时间内能够完成的。实际上，通过历史时期的沉积和酝酿，城市本身形成了一种独特的文化氛围。这种文化氛围对于城市居民具有高度的认同感，甚至能够在一些人群中形成零散的城市意象。在一定的时空范围内，这种文化空间具有相应的稳定性和均质性。换言之，在总的城市文化特征的影响下，某一局部的文化物象都或多或少地体现出这一主题的共性特征。以北京为例，虽然北京具有八百年建都史，历经了辽、金、元、明、清五个朝代，但朝代之间的更替存在一定的延续上，如建筑的传承和发扬，这样就积淀出北京城文化的历史个性，尤其以帝都的皇家文化和老北京的街巷文化，分别代表着官方与民间的两条文化主线。同样，天津的文化也有类似特征，天津是中国近代史的缩影，特别是散布在海河沿岸的近代建筑群，更是这一文化主题的实际载体，近代史文化成为天津城市文化的普遍象征。

随着大城市对外开放程度的提升，异质性文化空间侵入，传统的文化理念发生一定的变异，衍生出独特的文化符号空间。例如，"798"的形成，就带有一种明显的后现代特征，成为北京城市文化中的一个独特符号。

4.5.2　文化景观嬗变

文化依托于建筑实体，组合形成富有特质的文化景观，这往往会成为城市的象征，给人更加直观的印象。每个城市都有属于自己的独特文化景观，北京的什刹海、天津的劝业场，都是这种文化景观的直观展现。随着建筑风格的多元化，以及老城区城市更新速度的加快，这些文化景观的固有空间可能会面临严峻的挑战，甚至被孤立和掩盖。北京二环内原有上千条胡同，几乎每个胡同都有着独特的历史渊源。在内城更新与居民改造的双向作用下，一些胡同的历史风貌逐渐丧失，成为一种风格杂糅的空间组合体。

4.5.3　地名空间失落与趋同

地名空间是城市文化空间的重要组成部分，通过地名，可以识别特定区块的历史沿革和演变过程。甚至在有些情况下，通过地名的组合，可以得到城市空间的基本框架。北京就是一个这样的典型例子，通过复兴门、阜成门、西直门、建国门、前门等名称，就可以想象出原有的都城风貌。换言之，城市的历史（或历史的城市）在很大程度上是活在地名空间中。

改革开放以来，随着城市建设速度和更新幅度的加快，地名空间的演变出现两种不良倾向：第一，在新拓的开发区，采用新的地名系统，使当地原有的地名要素完全消失，这就有可能造成相应文化的完全缺失和遗忘。第二，不同城市地名空间系统，存在一定的趋同现象，如"迎宾路"、"建设路"等都是使用频率较高的词汇。

当然，地名空间的形成需要兼顾实用性和历史沿革性两种特征，而进行综合权衡，但毫无疑问的是，对于历史时期形成的地名空间，应该在认真分析的基础上，加以合理的保护和改造，以保留"城市的记忆"。

4.5.4　传统民俗空间弱化

传统民俗空间是民间习俗在特定空间上的表现，而形成的具有一定组织性和稳定性的文化空间形式。伴随大城市现代化的加快和城市化的推进，城市传统民俗空间容易受到侵占，而发生退化。

4.6

虚拟空间演变分析

随着信息社会的发展，虚拟空间进入日常的工作和生活中来，改变了人们传统的生产与生活组织方式，这也是转型期城市空间中的一种新类型。特别是伴随网络技术和信息技术的进一步发展，虚拟空间的影响力将会进一步增强。

4.6.1　信息空间生成与扩展

信息空间，或称网络空间，是随着信息化和信息技术的发展而产生的一个新名词，它已经成为城市空间的重要组成部分。

随着互联网的普及和电子商务的发展，大城市中的人群被引入一个新的环境中来。在传统的观念中，人与人之间的交往往往需要"在场"，而网络的特殊性似乎消除了场所的概念，使地理上不相邻的个体也能够实现即时通信。同时，电子商务的普及，使网上购物成为现实，远距离办公也不再是科幻小说中的情景。这种空间组织模式的变化，将极大地改变城市人群的生活空间、工作空间和居住空间。另外，信息空间的出现也极大地改变了产业组织的空间布局模式，柔性生产和灵活积累也能够借助信息空间而有效地实现。

4.6.2　赛博空间萌芽

赛博空间（Cyberspace），或称虚拟现实，是计算机领域的一个概念，是在信息空间基础之上而进行的再度抽象，它强调人的主体的沉浸感和融入性，可以说是一种心理形式上的乌托邦与信息技术上的再升华。

赛博空间超越了我们日常生活发生于其中的地理空间或历史时间，它是后地理的和后历史的，形成了一种虚拟社会，而且也衍生出与日常生活几乎所有方面的交叉关系。不仅人类事务被部分地转移进虚拟场景，而且日常世界也将与虚拟的空间和时间发生难分难解的纠葛。这不仅是转型期大城市空间结构的新类型，而且也代表着空间演化的一个未来趋向。

4.7
围合空间演变分析

《道德经》言明："三十辐共一毂，当其无，有车之用。埏埴以为器，当其无，有器之用。凿户牖以为室，当其无，有室之用。故有之以为利，无之以为用。"也就是说，物体的真正价值体现在虚空部分。对于城市而言，各种建筑材料所围合而成的"空间"，才是我们真正存在的场所，这类似于集合中"补集"的概念。邻里空间和生活空间是转型期大城市围合空间演变最为显著的内容。

4.7.1　邻里空间私密化

邻里是社会存在与演变的基本细胞，也是基层社区组织的自然基础和中间环节。从空间尺度来看，基层社区组织以家庭为细胞，而家庭包含在邻里之中。若干家庭构成邻里，若干邻里构成社区组织，进而形成一座城市的社会空间。从邻里空间构成要素及其相互关联程度，可以将中国不同时期的邻里空间划分为三种不同的形式，即，传统社会的自然邻里空间、计划经济时期的"蜂巢式"单位制邻里空间和市场经济模式下的封闭性社区邻里空间。

长期的社会积淀与稳定的邻里关系，是传统社会邻里空间的最大特征。城市居民由于最初的喜好、经济收入和血缘继承关系，定居在某一区域，形成稳定的家庭结构，进而衍生出胡同、里弄、大杂院等居住形式，发展成为城市的邻里细胞单元。在农村，血缘关系和家族约束往往是邻里空间形成的根本原因，这在乡村地区自然村的命名上就能够得到很好的证明。传统的邻里空间，强调自然演变与和谐共生，个体之间的交往多以面对面的形式进行，邻里的认知度较高。这种自然邻里空间，可以通过传统民居建筑，得到最好的印证。四合院是中国传统民居的典型代表，它广泛存在于大江南北。南方的四合院规模较小，四周房屋连成一体，这与南方的气候是相宜的。相比之下，北方的四合院古朴典雅，以北京和天津的四合院最为典型。

北京的四合院始于元代，结构完整，自成体系。布局特点主要体现为：大门建在台阶上，进门立有影壁，转过影壁，进入前院。前院后院之间隔有两道垂花门。后院是四合院的主体建筑所在地，房屋大多坐北朝南，比前院更为宽敞。在封建社会阶段，四合院的正房、厢房、倒座房的分配依循严格的礼教制度。近现代时期，部分四合院演化成为"大杂院"，成为各阶层混合居住的场所，可以说是传统四合院的一种退化形式。

天津传统民居包括四合院、三合院、大四合套、筒子院、独门独院及门脸儿房。天津早期的民居是旧城及其周边地区的四合院。大的四合院建筑雄伟，房屋高大，院落重叠，如户部街益德王家、东门里华家、冰窖胡同李家等。在高级的四合院中，大门一般设计成虎座门楼，门楼一侧有门房，另一侧相连的房屋俗称"倒座"，走进大门设有"照壁"，由前院经垂花门进中院，中院两侧各三间厢房、正房或过厅作为客厅或书房使用。后院东西两侧厢房、正房及耳房是眷属住房。老城厢内外当时有大量的四合院存在。但由于旧房改造、道路加宽以及违章乱建，多数四合院已经不复当年面貌。四合套是天津传统民居的典型代表，它是若干个四合院、三合院、独门独院，甚至包括杂房、车房、马棚等附属建筑组成的大型院落，民间俗称"大四合套"。旧时天津的官宦人家及富商大贾大多都居住在旧城区及其周围的大四合套院落，代表着600年天津建筑的辉煌。筒子院中只在两侧有住房，独门独院从广义上来讲特指独立住户，而门脸儿房则指的是沿街分布的商业店铺。

在计划经济时期，单位承担了"微型社会"的组织功能，成为社会空间结构的基本单元。在以单位为中心的居住空间组织形式中，人们都居住在自己单位分配的住房中，形成一个个单位组团，特别是机关和事业单位。这种居住空间不是由经济地位或收入差异所导致的空间分化，而是以职业为标准的空间分异，它约束了领导干部、知识分子和普通工人等不同阶层按照社会经济地位在城市社会地理上的自由分异。在整个城市空间尺度上，形成了由众多单位居住组团相互结合而成的蜂巢式社会地理空间结构。

随着市场经济体制的确立，单位制的影响力逐渐减退，城市居民在进行住房选择时有了更大的灵活性，而门禁社区逐渐替代了原有的单位大院，成为主要的居住空间组织方式。这种私密性空间的引入，符合市场经济条件下人们的需求特征和购买意愿，但人与人之间的交流空间减少，空间的私有化程度有所提升。

4.7.2 生活空间公共化

生活空间是一个较为广泛的概念，一般是指人们在日常生活中出行的场所，是人们进行各种活动所需空间形成的集合体。在计划经济时期，由于单位制的约束力和单位办社会的多功能化，居民的生活空间容易被限制在一个较小的范围内。无论是饮食就医、子女教育，还是购物娱乐，都几乎能够在单位内达到基本的需求。

随着单位制的转型，特别是市场经济的逐步完善，社会分工逐渐深入，单位附属的一些功能被剥离出去，形成了具有专业化分工和技术优势的功能性生活空间，生活空间逐渐公共化，呈现出放大趋势。

4.8

空间扩散与外溢分析

由于资源稀缺和空间使用的排他性，大城市核心区成为多个利益群体角逐的焦点。在城市建设投资和加速发展的外在基础上，城市内部发生快速更新，外资和外部产业进驻城市，以图获得规模递增效应，大城市与外部区域的联系不断强化。一方面，中心区发展空间的有限性与资源的稀缺性也驱使部分空间要素发生外溢，如产业空间、居住空间和休闲空间等；另一方面，在经济一体化和郊区城市化的共同推动下，大城市邻近地区的区位优势得以突显。各区县、小城镇通过一系列优惠政策，吸引大城市人口、产业等要素的外溢，以图实现"腾笼换鸟"和加速发展。通过这样的双向途径，大城市与外界的空间交换得到显著加强。

4.8.1 研 究 方 法

随着经济一体化的发展，城市经济已经突破行政地域限制，城市与区域的互动作用愈发强烈。在进行城市空间结构研究时，不能够将视角仅仅局限在行政地域格局范围内，要从行政概念上的城市（City），走向经济内涵上的城市（Urban），进而扩展到城市群（Metropolitan），用更为宏观的视野去共同探讨和解决转型期大城市空间结构演变存在的问题，寻找更为合理的解决途径。

1. 经济联系强度测算

空间距离的不可灭性是区域经济差异和相互作用的基本特征，地理事物的空间相互作用遵循衰减规律。两个同类事物之间的相互作用，可以用牛顿万有引力定律的衍生模型进行刻画。构建以下公式：

$$R_{ij} = \frac{\sqrt[3]{P_i V_i L_i}}{D_{ij}} \frac{\sqrt[3]{P_j V_j L_j}}{D_{ij}} F(\gamma_i) F(\gamma_j) \qquad (4-22)$$

$$F(\gamma) \propto C_1 \cdot C_2 \cdot C_3 \qquad (4-23)$$

其中，P、V、L 和 D 分别为城市人口、地区生产总值、土地面积以及空间距离。F(γ) 为调节系数，由人口规模（C_1）、经济规模（C_2）和土地规模（C_3）来进行确定。

2. 遥感外业调绘与田野调查

通过遥感外业调绘与田野调查，可以较为准确地揭示城市空间演变的过程和特征。传统的地图测绘技术耗费资源巨大，成果更新速度慢，难以对城市空间变动进行动态监控。遥感与地理信息系统技术的发展，提升了国土资源监测的效率和准确度。通过遥感影像的数据获取手段和地理信息系统的空间分析方法，可以对城市空间演变和土地利用动态变化进行精确分析。在使用遥感影像研究空间演变的过程中，外业调绘是重要的一个环节，能够弥补单一的内业处理缺失的信息，提升分析的正确性。

田野调查可以提升遥感数据分析的精确性和研究深度。田野调查法又称为田野作业、实地考察等，通过参与观察、深度访谈等方式，获取第一手资料，这种方法是人类学、民族学和社会学的基本方法之一。

4.8.2 数据来源与处理

空间扩散考察大城市与外部区域的联系，以及空间的外溢特征。所依托的主要数据，一方面来源于各地市统计年鉴，国民经济与社会发展统计公报；另一方面，来源于实地调研数据，遥感影像解译数据等。

4.8.3 空间经济联系

随着区域经济一体化的加快，大城市与周边地市的联系得到显著加强，形成密集的城市网络体系。

从表 4-39 和表 4-40 可以明显看出，传统的京津唐金三角是京津冀都市圈的内在核心，这三者之间的空间经济联系强度更为明显。实际上，考虑到大城市规模扩展和外围区域的同步发展，这种空间经济联系将会得到持续加强，并有助于最终形成完善的城市体系。通过经济联系和产业分工，大城市释放一些产业要素，可以加快产业升级的步伐，以及与周边的互动作用。

表 4-39　　　　　　2008 年北京市与京津冀地区其他城市空间经济联系

地市	人口规模（万人）	经济规模（亿元）	土地面积（km²）	空间距离（km）	F(r)	R
北京	1695	10488	16410.54	0	1	—
天津	1176	6354.38	11917.3	137.7	0.31	1.04
石家庄	966.48	2838.4	15848	293.6	0.15	0.09
张家口	421.22	720.37	36873	199.4	0.04	0.03
承德	369.38	714.9	39519	227.3	0.04	0.02
保定	1141.7	1580.9	22100	158.3	0.14	0.27
衡水	432.5	633.8	8815	351.8	0.01	0.00
邢台	693.34	989	12450	403.2	0.03	0.01
沧州	710.1	1716.16	13419	217.9	0.06	0.05
唐山	729.41	3561.19	13472	180	0.12	0.17
秦皇岛	285.85	808.95	7812	291.1	0.01	0.00
廊坊	408.3	1051.5	6429	57.3	0.01	0.06
邯郸	928.1	1990.4	12000	453.6	0.08	0.02

资料来源：各城市国民经济与社会发展统计公报。

表 4 - 40   **2008 年天津市与京津冀地区其他城市空间经济联系**

地市	人口规模（万人）	经济规模（亿元）	土地面积（km²）	空间距离（km）	F(r)	R
天津	1176	6354.38	11917.3	0	1	—
北京	1695	10488	16410.54	137.7	3.28	11.04
石家庄	966.48	2838.4	15848	317.9	0.49	0.16
张家口	421.22	720.37	36873	320.4	0.13	0.03
承德	369.38	714.9	39519	349.8	0.12	0.02
保定	1141.7	1580.9	22100	182.7	0.45	0.44
衡水	432.5	633.8	8815	252.8	0.03	0.01
邢台	693.34	989	12450	427.6	0.10	0.01
沧州	710.1	1716.16	13419	118.9	0.18	0.31
唐山	729.41	3561.19	13472	125.6	0.39	0.78
秦皇岛	285.85	808.95	7812	277.2	0.02	0.00
廊坊	408.3	1051.5	6429	73.4	0.03	0.08
邯郸	928.1	1990.4	12000	478	0.25	0.03

资料来源：各城市国民经济与社会发展统计公报。

4.8.4　产业空间外溢

随着大城市空间资源的稀缺，一些传统行业的大型企业，产生了外迁的需求，需要寻找新的空间，使企业获得新的增长活力。

从大城市本身，大型企业的外迁势必会造成税收的下降与员工的失业，产生一定的社会问题。但从整个区域来看，传统企业在大城市发展中的尴尬地位，与外部区域对发展机遇的需求，形成了鲜明的对照。因此，立足于大城市产业高级化和区域整体的发展来看，传统资源密集型和劳动密集型企业应积极寻找外部空间，采取总部经济的发展模式，将生产基地扩散到大城市周边地市。

首钢的搬迁就是一个鲜明的例子。建立于 20 世纪 20 年代的首钢，一直是北京的支柱企业。但由于污染扰民、影响城市环境，与北京现代化大城市的发展格格不入。在经过类似于"要首钢还是要首都"的大讨论之后，体会到环境治理的高额成本，最终选择在曹妃甸建立新的生产基地。

对于北京市而言，金融业、文化创意产业、商贸、现代物流等产业是未来的基本取向，这与首都、政治中心、文化中心和世界城市的特殊地位是相适应的。

一些传统产业势必要逐渐淡出，获得另外的发展空间。从区域的角度来看，毗邻京津的河北省，需要外部产业的植入，来实现自身的快速发展。只有加强区域合作，完善产业分工，找准城市定位，大城市和区域才可以获得长远发展。

4.8.5 居住空间外溢

随着大城市中心区地价和房价的攀升，居住外迁的趋势日渐显著。一方面，高收入阶层希望借助良好的交通条件，在郊区获得低密度、高质量的生活空间；另一方面，中低收入阶层，承受不了中心区高额的房价或租金，到远离中心的地方寻找合适的生活空间。伴随交通网络的改善和交通工具的普及，居住外迁的程度进一步加强，甚至超出大城市行政所属范围，产生居住空间外溢。三河市位于河北省核心部位，廊坊市最北端，镶嵌在京津两市之间，东临蓟县，西与北京市通州区隔河相望，南接大厂、香河、宝坻三县，北与平谷区、顺义区毗邻。全市东西距 43.1 公里，南北距 31.0 公里，总面积 643 公里，地理坐标在东经 116°45′05″~117°15′10″，北纬 39°48′37″~40°05′04″之间。

作为廊坊市的"飞地"扩权县，三河市享有相对灵活的产业发展政策。特殊的区位条件，也使三河与北京形成了千丝万缕的联系。三河市对接北京产业转移和辐射，以房地产和建材业作为支柱产业。然而，这种看似有效的增长方式，造成了城镇建设用地激增，耕地非农化程度加剧，人居环境显著下降。

三河市的产业结构同其区位联系密切，即服务北京，依托北京，构筑三条产业线。在第一产业上，构建北京绿色食品的生产线，培育龙头企业和知名品牌，如福成牛肉、明慧猪肉、汇福粮油等。在第二产业上，扶持北京高科技产业辐射的生产线，如中兴通讯、汉王制造等。在第三产业上，成为北京休闲旅游的延伸线，借助于京津假日近郊休闲度假消费契机和良好的区位，以宾馆、度假区为核心的休闲服务业发展迅速。房地产业和建材业是三河市支柱产业。但房地产业发展存在占用土地面积过大、入住率低、土地使用效率低下及功能单一等问题。从某种程度上来看，三河市已经成为北京的"卧城"。房地产业的迅速发展，造成第三产业产值"虚高化"推进。

通过实地调绘和田野调查的方式对三河市房地产开发情况进行探究。如图 4-25 所示，三河市城市建设呈现出"哑铃"状模式。西部的燕郊与东部的政府所在地，形成了人口和产业的两个集聚区。而西部的燕郊，由于毗邻北京，拥有潮白河自然生态环境，成为房地产角逐的热点地区。

燕郊地区的房地产开发，存在以下几个明显的特点：第一，发展速度快。已经成长为三河市支柱产业，并保持旺盛势头。第二，征地速度快。房地产的高回报率，使农用地的征用速度加快。第三，本地居民少。购房者90%以上都是北京市民或在北京工作的外来人口，这种职住分离的情形不利于当地的经济发展。第四，低密度开发与土地浪费。为迎合高收入阶层的需要，开发了高档低密度别墅区。但由于市场缺失和判断失误，一些建成交付的住宅区竟处于闲置状态。

事实上，由于大城市居住空间外溢形成的需求市场，与边缘地区空余的土地资源构成的供给市场，快速地发生化学反应，使这些地区的功能超出了行政的限制，成为大城市"房地产市场的有机组成部分"。但从发展现状来看，外溢不经济现象较为严重，需要进行冷静调控与合理配置。

4.8.6 休闲空间外溢

伴随快速增长的旅游需求，休闲旅游异军突起，逐步超越观光旅游，成为旅游需求中增长最为迅速的部分。随着个人可支配收入的增加，闲暇时间的增多，休闲观念的形成，休闲消费将成为中国居民的重要消费构成。特别是假日制度的改革，使大城市居民近中距离休闲活动空间得到进一步提升。京津两市已经形成规模巨大的休闲人群。而与此相对应的是，河北省也提出打造环京津休闲旅游产业带。主要涉及以北京、天津市为基点的1小时左右车程的区域，涵盖张家口、承德、秦皇岛、唐山、保定、廊坊、沧州等。这将会进一步强化京津两市休闲空间外溢的强度（见图4–15）。

4.9

空间演变的综合框架

城市系统结构的复杂性，使城市空间形成与演变的过程具有一定的复杂性。特别是在当前的转型期背景下，城市空间的多个因子都在发生迅速的嬗变，使城市整体结构特性发生显著的变化。总体而言，从京津等案例城市空间结构演变特征来看，双层次的基本框架是非常显著的。一方面，城市内部空间通过要素重组，使城市更新的速度加快，造成绿地系统扩张与破碎化，加速了中心城区产业的高级化、人口的持续外迁、社会空间分异与复杂化、土地利用破碎化、文化空间趋同化；另一方面，城市与外部区域联系度显著提高，产业空间、居住空间和休闲空间发生扩散外溢；这种空间的外溢在促进双方共同发展的同时，也产生了一些外溢不经济性。

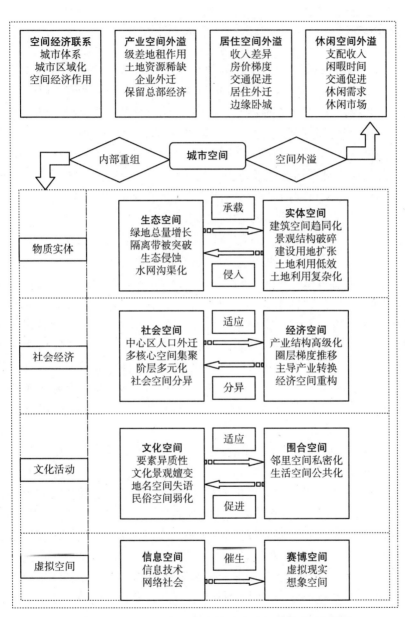

图 4 - 15　转型期大城市空间结构演变特征的基本分析框架

4. 10

本章小结

本章以北京市与天津市为核心案例，从内部空间重组以及空间外溢两个层次，对转型期城市空间结构演变特征进行了综合解析。主要结论如下：

第一，城市生态空间受到人工干预强度不断加强，系统稳定性受到显著影响。绿地系统呈现总量扩张趋势，但绿地资源破碎化程度加剧，"孤岛化"现象较为严重。缺乏楔形绿地，中心区与郊野绿地系统联系较少。影响了绿地系统的完整性，加剧了大城市局部地区的"热岛效应"。绿地系统的私有化现象也广泛存在。水网体系受人口规模和城市经济的影响，出现局部消退现象，大城市水网呈现沟渠化不良倾向，缺乏自然交换与亲水空间。

第二，大城市建筑空间呈现趋同化倾向，需要本土化风貌的理性回归。改革开放以后，北京市传统的建筑空间与风格发生急剧改变。城市建筑逐渐失去个性风格，出现趋同化的倾向。随着内城历史街区的改造，传统老宅院建筑的拆除，胡同的整理，特别是新型建筑的引入，逐渐改变了内城传统的轴向纹理。使城市纹理整体上趋于复杂化，异质性程度不断提升。另外，由于个别单体建筑的调节作用，使原来刚直的纹理变得"柔性化"，这体现出建筑风格对城市纹理的调控作用。改革开放以后，随着现代建筑的日益增多，北京市建筑标高快速攀升，城市天际线发生显著变化，甚至内城的传统天际线也逐渐被改变。但是由于建筑之间的分割较远，还没有形成连片建筑群和完整的城市天际线。

第三，改革开放以来，北京市景观异质性程度显著提升，城市扩张速度加快，伴生城市蔓延，圈层化结构明显。改革开放以来，北京市城市建设用地扩展迅速，尤其是 1992 年以后，这种扩展的速度进一步提升，反映出城市建设的加速发展，景观多样化程度不断提高，优势度降低；中心城区、郊区城镇与主要交通沿线的发展，呈现出不同的格局。中心城区的"摊大饼"蔓延式发展，伴随着边缘区土地利用的低密度开发与浪费；郊区城镇扩展速度较慢，无论是"分散集团"，还是"多中心"，都没有发展到规划预期的效果；另外，沿交通线的轴向扩展也非常直观，特别是出城高速的引导作用非常突出；随着边缘区及外部空间的发展，景观破碎化程度加剧，紧凑度弱化。

市辖区面积都出现了显著增长。城市土地利用率不断提升；农用地比重先降后升，显示出土地利用调控政策的有效性；土地垦殖率呈现下降状态，耕地非农化程度令人担忧；建设用地比重有所增加，映射出城市大规模扩展的过程；有林地面积有所增加，反映出城市绿化的实效性。用地增长的速度远高于人口增长的速度；这反映出土地增长速度过快，而人口的集聚又赶不上城市建设的步伐。在土地低效扩张的同时，城市土地闲置也客观存在。耕地面积缩减较为显著，居民点和独立工矿用地有所增加。土地利用熵值呈现上升趋势。

土地利用的动态变化，也呈现出一定的圈层特征。中心区开发密度较大，已接近饱和，类型变动较小；近郊区在经过 20 世纪快速发展以后，用地类型的变化区域平缓；而相比之下，远郊区土地利用类型变动剧烈，反映出较强的动态性。密云和延庆两县的变动相对较小。这显示出土地开发的梯度推移特性，随着中心区土地资源的紧缺，远郊区县成为土地开发的新选择。

第四，产业结构不断优化，第三产业仍有较大成长空间。京津两市的第二产业和第三产业在改革开放以来，发生了快速跃迁，在国民经济中的比重迅速提升。1978～2008 年，出现一次拐点。而在 1990 年以后，京津两市的产业结构熵值逐渐降低，主要是由于第三产业的快速发展所致。第一产业偏离度处于负值状态，劳动力过剩，产业结构急需进一步调整。第二产业的偏离度呈现"U"形结构，1978 年以来偏离度缓慢下降，进入 21 世纪以后出现回升，这与大城市工业结构升级是密切相关的。改革开放以来，第三产业对于大城市经济贡献呈现上升趋势，产业结构从"二三一"逐步进入"三二一"的良性轨道，第三产业还拥有巨大的上升空间。第三产业是转型期大城市产业结构优化和经济空间重构最为重要的决定因素。确立、巩固并提升第三产业的整体规模，优化第三产业内部结构，是优化提升大城市经济空间结构的重要途径。

由于内城重组和产业扩散的综合作用，北京市分圈层产业结构表现出明显的"去中心化"趋势。第三产业已经确立了主导地位，而其中的生产性服务业更是具备较高的比较优势。

第五，产业布局模式发展变迁，传统产业空间重组，新产业空间逐渐形成。农业形式多样化，工业内部重组与外部转移，商业多元化与空间重组，新产业空间内涵式增长与跨越式发展。改革开放以来，随着第二产业和第三产业的迅速崛起，北京市农业在城市生产总值中的比重呈现下降态势。从农业本身的发展来看，主要呈现出三个特点，即空间缩减、构成多元化和形式多样化。

工业的发展受政策的影响较为明显，呈现出结构轻型化、内部重组和外部转移的阶段性特征。随着市场经济的逐步完善，商业呈现出多元化、空间重组，以及大分散和小集中的趋势，层次性日益明朗。

随着产业结构演进和升级，一些新的产业形态纷纷涌现，使细分产业结构不断多样化。新产业空间的出现，改变了传统的功能分区模式。文化创意产业、生产性服务业和生活性服务业成为新兴产业中最为突出的部分。

第六，人口郊区化趋势明显，多中心人口密度格局日渐形成。改革开放以来，北京市中心区人口持续减少，近郊区增长强度最大，而远郊区人口的增长则相对较缓，人口的郊区化趋势一目了然；甚至在进入21世纪以来，人口外迁的趋势进一步加强。其中，外来人口的增长，在一定程度上掩盖了人口外迁的真实强度。随着逆城市化、人口郊区化以及卫星城的发展，人口密度多中心化趋势逐渐形成。

第七，社会阶层多样化，社会空间分异程度增强。从1982年北京市社会区空间结构因子载荷矩阵来看，社会阶层可以划分为工人、农民、知识分子以及地质采矿工作人员。1990年前三个主因子依次表现工人、知识分子和农民阶层，第四个主因子与外来人口呈正相关，体现出外来人口在社会阶层中的特殊地位。2000年北京市社会区空间结构因子载荷矩阵来看，提取五个主因子，对应的阶层类型可以确定为工人、农民、知识分子、采掘行业以及外来流动人口。对比三个时间点的社会区因子载荷矩阵可以发现，社会空间分异程度呈现多样化趋势，外来人口和流动人口的作用有所加强。

第八，异质性文化要素侵入，文化景观与地名空间失语，传统民俗空间弱化。异质性文化空间侵入，传统的文化理念发生一定的变异，衍生出独特的文化符号空间。随着建筑风格的多元化，以及老城区城市更新速度的加快，传统文化景观和地名空间面临严峻的挑战。伴随大城市现代化的加快和城市化的推进，城市传统民俗空间容易受到侵占，而发生退化。

第九，信息化与信息技术催生网络空间，赛博空间正在萌芽。一方面，网络空间改变城市人群的生活空间、工作空间和居住空间；另一方面，信息空间的出现也极大地改变了产业组织的空间布局模式，柔性生产和灵活积累也能够借助信息空间而有效地实现。

第十，市场经济的确立，使大城市传统围合空间发生变迁，尤其以邻里空间和生活空间最为显著。从邻里空间构成要素及其相互关联程度，可以将中国不同时期的邻里空间划分为三种不同的形式，即，传统社会的自然邻里空间、计划经济时期的"蜂巢式"单位制邻里空间和市场经济模式下的封闭性社区邻里空间。随着单位制的转型，特别是市场经济的逐步完善，社会分工逐渐深入，单位附属的一些功能被剥离出去，形成了具有专业化分工和技术优势的功能性生活空间，生活空间逐渐公共化，呈现出放大趋势。

第十一，对外空间经济联系加强，空间扩散与外溢成为必然趋势。随着区域经济一体化的加快，大城市与周边地市的联系得到显著加强，形成密集的城市网络体系。随着大城市空间资源的稀缺，一些传统行业的大型企业，产生了外迁的需求，需要寻找新的空间，使企业获得新的生命。只有加强区域合作，完善产业分工，找准城市定位，大城市和所在区域才可以获得长远发展。由于大城市居住空间外溢形成的需求市场，与边缘地区空余的土地资源构成的供给市场，快速地发生化学反应，使这些地区的功能超出了行政的限制，成为大城市"房地产市场的有机组成部分"。但从发展现状来看，外溢不经济现象较为严重，需要进行冷静调控与合理配置。同时，由于大城市居民个人可支配收入的提升，闲暇时间的增多，短途休闲旅游成为消费时尚，休闲空间外溢成为必然趋势。

第5章

转型期大城市空间结构演变机理

我听见所有空间崩溃，玻璃四散，砖石建筑倒塌，时间是死灰色的最后的火焰。

——詹姆斯·乔伊斯

在机器时代期间，我们已经把自己的身体延伸到了空间。今天，在一个多世纪的电子技术之后，我们已经把自己的中枢神经系统本身延伸到了全球的怀抱之中，就我们这个星球所关注的而言，我们已经废除了空间和时间。

——马歇尔·麦克卢汉

空间表面上似乎是相同的，就我们所确定的其单纯形式而言完全是客观的；但它是一种社会产物。空间的生产能够与任何特殊形式机制的生产相类同。

——列斐伏尔

将空间作为社会结构整体的一种表现加以分析，就是根据经济制度、政治制度和意识形态因素以及它们的结合和所产生的社会实践来研究空间的形成。

——卡斯泰尔斯

我们需要将空间概念化为是从一组相互联系中建构的、从地方到全球的各种空间尺度的社会相互联系和相互作用的同时共存。

——马西

转型期大城市空间结构演变特征是表象，而演变机理则是蕴涵在其中的深层次原因。转型期的特殊语境，使中国大城市空间结构演变具有独特的内涵和丰富的外延。内部的重组与向外的溢出，构成了这一时期城市空间形态变迁的全过程。从中国所处转型期的本质特点来看，它既不同于"突变式"的东欧模式，也并非始终如一的"均衡式"发展。相比于激进式的冒进，中国的转型是在确保社会稳定的前提下，进行的前所未有的探索式发展，其重要目的在于寻求一条从计划经济向市场经济过渡的可行之路，这一过程可以形象地描述为"摸着石头过河"。因此，在转型期的每一阶段，都要对以往过程、当前问题和未来方向进行必要的、理性的思考，对于城市发展及城市空间演变的议题更是如此。

社会存在决定社会意识，而城市空间的形成、演变与走向，也是与特定的社会历史阶段相适应的。转型期大城市空间结构演变的影响因素和作用机制是极其复杂的，一方面是由于城市系统本身的复杂性所决定的；另一方面，转型期自身的独特性也营造了别样的氛围。因此，把握转型期的特殊内涵，立足城市空间演变的根本特性，是解读空间演变机理的有效途径。城市是一个开放式巨系统，其空间结构的形成和演变受到多重要素的作用，而转型期大城市空间结构演变的影响因素更是复杂多样。对于城市空间结构演变的驱动机制或者影响机理，也是城市地理学届的研究热点。但现有的很多研究都没有就此问题做出全面翔实的回答。一方面，囿于影响因素的多样性，难以找到适宜的角度，对多种要素进行分类和概括；另一方面，容易陷于个别案例的特殊情况，难以反映一般性特征。

尺度是进行科学研究的一个重要切入点，对于城市地理和城市空间科学也是如此。实际上，尺度是一个广泛的概念，在很多学科中都占据重要地位。例如，在景观生态学中，尺度作为进行景观刻画的标准，衍生出粒度和范围两个概念，前者特指研究的最小单元（分辨率），而后者则表示研究的区域大小；又如，在建筑学中，尺度关注的是建筑物构件，与人或相关物事之间的比例关系。中国的土木建筑具有辉煌的成就，明清故宫的角楼，结构精巧，各有九梁十八柱七十二脊；北宋建筑学家李诚所著《营造法式》也以图文并茂的方式，将房屋剖面、局部构件和施工仪器都做了详细描绘。同样，尺度选择与转换在人文地理学的研究中也具有特殊的意义。洪堡的大尺度探险，能够揭示全球范围内地理物象的变化规律；而徐霞客的实地考察，能够描绘山川河岳和人文风物。从本质上来看，宏观是微观的综合和存在背景，而微观则是宏观的有机构成。在进行人文地理学研究时，只有将宏观和微观进行有机结合，才能够全面地揭示某一问题的本质面貌。

本章以尺度为划分标准，以北京市和天津市为主要案例，对转型期大城市空间结构影响要素和作用机理的探究。具体来讲，从空间尺度和影响范围来看，可以从五个方面加以解读，即全球层面的生产方式变革、国家层面体制转型与要素重组、区域层面的资源约束与区域发展、地方层面的政府干预与经营城市，以及个体层面的多元主体调节与自组织。全球层面的影响因素包括全球化与时空压缩、信息化与虚拟经济、现代主义与均质空间、后现代主义与异质性单元、产业升级与替代，以及柔性生产与灵活积累。国家层面的影响因素包括市场化与要素重组、现代化与观念转变、城市化与人口流动，以及工业化与结构调整。区域层面的要素包括资源环境约束和区域发展。地方层面的要素包括城市规划调控、行政区域调整、城市建设提速以及城市运营的多元化。个体层面要素包括企业经营多样化、利益主体多元化，以及典型事件的极化效应。通过这样五个方面的综合分析，力求对转型期大城市空间结构演变的影响因素和作用机理有所认识。

5.1

全球层面：生产方式的深刻变革

伴随全球化的快速推进，每一座城市仿佛在一夜之间展示在世界这个大舞台上，经济一体化成为区域或城市的必然出路。随着生产要素在全球流动的逐渐加快，生产方式发生深刻变革。全球化的迅猛发展冲破了国界和疆域的限制，时空压缩，空间交换速度加快，资本的调控作用被完全激活。商品的航空运费率同样也引人注目地下降了，而集装箱化则减少了海运和公路运输的成本。对于像德克萨斯证券公司那样的大型跨国公司来说，现在有可能操纵各个工厂，同时又与全球 50 个以上的不同地方作出有关金融、市场、投入资金的成本、质量控制、劳动过程的条件的决策。

全球层面的要素参与到每一个大城市的生产中去，而大城市也已经离不开这种外部要素的导入和支持。信息化的发展，使全球城市和空间要素连接成为一个整体，这使"空间"的概念趋于抽象化，生产的供给双方建立了更为密切的联系。任何一个环节的变动，都会得到其他部分的快速响应。现代主义和"后现代"主义，潜移默化地改变着人们的价值观念，各种体现现代性与后现代性的物质形态，侵入城市空间之中，改变着城市的内在社会意识和外在形态风貌。随着资本流动的加快和技术扩散的加剧，产业升级、转移与替代成为区域经济发展的必然趋势，大城市作为产业组织的核心，必然要对此做出快速响应。柔性生产正逐渐影响着传统制造业的发展模式，而灵活积累则使"消费性社会"加速到来。

5.1.1 全球化与时空压缩

全球化可以划分为几个不同的阶段。第一阶段是从地理大发现到 19 世纪初，通过新大陆的探索，人们形成对于世界的较为真实的印象，从巨大的空间印象中回归到中观尺度。从 19 世纪初期到 20 世纪末，资本市场和劳动力的流动，推动了进一步的全球化，使其影响程度进一步深化，世界的尺度从中观向微观迈进。

进入 21 世纪以来，全球化步入了新的阶段，对于国家、城市和个体的影响更为直接。从外在的物质形态来看，全球化伴随着货物与资本的跨境流动，经历着跨国化、区域国家化以及全球化的不同阶段。通过产品与资本的全球流动和交流，跨国的经济组织与经济实体，逐渐成为影响一国或一个城市的重要力量。伴随着全球化的深入推进，文化风俗、生活方式、价值观念甚至意识形态都会互相交融、碰撞，产生"文明的冲突"，最终衍生出新的文化形态。

全球化加快了生产要素交换、资本流动和产品消费的空间范围，使国家和地区的边界逐渐模糊。这正如马克思和恩格斯在《共产党宣言》中所描绘的那样："不断扩大新产品销路的需要，驱使资产阶级奔走于全球各地。它必须到处落户，到处开发，到处建立联系。资产阶级，由于开拓了世界市场，使一切国家的生产和消费都成为世界性的了。古老的民族工业被消灭了，并且每天都还在被消灭。它们被新的工业排挤掉了，新的工业的建立已经成为一切文明民族的生命攸关的问题；这些工业所加工的，已经不是本地的原料，而是来自极其遥远的地区的原料；它们的产品不仅供本国消费，而且同时供世界各地消费。旧的、靠本国产品来满足的需要，被新的要靠极其遥远的国家和地带的产品来满足的需要所代替了。过去那种地方的和民族的自给自足和闭关自守状态，被各民族的各方面的互相往来和各方面的互相依赖所代替了。物质的生产是如此，精神的生产也是如此。各民族的精神产品成了公共的财产。民族的片面性和局限性日益成为不可能，于是由许多种民族的和地方的文学形成了一种世界的文学"。

全球化的快速推进深刻地改变了城市发展的外部环境和构成要素的组织方式。对于转型期城市空间结构的作用，则主要体现在外资利用的引入和指向性，以及跨国公司的进入和壮大等方面。

1. 外资利用的引入和指向性

随着经济要素流动的加快，发达国家的富余资本，希望能够通过跨国流动的方式，寻找新的增值空间。同时，由于在发展中国家，劳动力相对较为廉价，而发展中国家自身也对外资利用和加快发展具有相当的憧憬。在这种情况下，外资参与到区域和城市发展的各个环节中去。外资的进入，可以较为迅速地推动产业结构优化升级，扶植出新的行业和企业。改变传统的产业布局模式，催生出高新技术产业区、CBD、金融街等新型空间，并成长为城市经济活动的组织中心。如表 5-1 所示，从北京市外资利用构成来看，独资企业占据较大比重，显示出强大的经济实力。第三产业的利用外资，在三次产业中处于领先优势。从具体行业来看，制造业，信息传输、计算机服务和软件业，以及租赁和商务服务业占据较大比重，这也是当前北京市重点扶持的希望产业。外资的参与将会极大地改变新产业的发展步伐，进而影响城市产业空间布局结构。

表 5－1　　　　　　　2007～2008 年北京市利用外资情况　　　　　单位：万美元

项目	2008 年	2007 年
按登记注册类型分		
合资经营	90916	77887
合作经营	21372	18037
独资经营	490252	408754
外商投资股份制	5632	1894
按产业分		
第一产业	2032	4774
第二产业	162515	93391
第三产业	443625	408407
按行业分		
农、林、牧、渔业	2032	4774
制造业	150056	89618
建筑业	1715	878
信息传输、计算机服务和软件业	105396	78470
批发与零售业	34677	33318
住宿和餐饮业	3357	5824
房地产业	78787	119476
租赁和商务服务业	132541	92896
其他行业	99611	81318

资料来源：北京市商务委员会。

　　一方面，外资的空间分布也呈现出一定的规律性。或者说，外资投入强度的空间分布，与城市发展阶段是密切关联的，呈现出"地域性、小集中、高级化"的显著特征。改革开放初期，随着大型工业企业的外迁，大城市边缘区成为外资的关注重点；而随着大城市整体产业结构的升级，第三产业的跃迁，以及开发区的快速发展，外资又再度向中心区集中，形成以中心区为核心，以开发区和边缘大型企业集团为外围的地域格局。

　　另一方面，外资的流动也在一定程度上引导着城市空间的演变和产业的布局。特别是在外资利用的指向性较为明晰的情况下，后续的产业将依循明显的区域特性，或遵循固有的投资模式，进一步加快空间演变和产业集聚的过程。

　　京津两市的外资利用变化历程表现出一定的相似性。一方面，随着产业结构升级的加快实施，外资流向也表现出相应的高级化特征，特别是信息产业、生产性服务业和现代制造业，这与产业发展的大趋势相一致；另一方面，随着大城市多中心格局的孕育，边缘集团获得了发展机遇，成为外资利用的外部增长极。作为北京市的外部边缘集团的重要组成部分，顺义在 1992 年就提出"依托机场、服务机场，大力发展空港口岸经济"，形成了林河工业区、空港工业区等产业集聚区。随着北京市多中心规划格局的提出，以及世界城市发展方向的确定，顺义空港工业区成为北京市外资投入比例最高、单位投资强度最大、外向型企业比例最高的开发区，这都将加快多中心格局的形成。从天津市来看，滨海新区的发展将引领新一轮外资利用格局的重组，特别是 2009 年滨海新区行政区划的整合，将进一步扩大外资利用的规模的集聚性。其中，现代制造业和商务服务业将成为外资投向的重点。这种外资利用格局的指向性特征，将与城市空间结构的调整形成良性互动，强化"双城双港"空间模式的形成进程（见表 5-2）。

表 5-2　　　　　　　　　1979~2008 年天津市利用外资情况　　　　　　单位：万美元

年份	合同利用外资		实际利用外资	
	直接利用外资	借用国外资金	直接利用外资	借用国外资金
1979	279	—	—	—
1980	511	—	271	—
1981	204	—	40	—
1982	150	—	578	—
1983	555	—	40	251
1984	6290	—	1190	933
1985	5452	6037	4409	2098
1986	6583	19969	4287	11229
1987	1417	7620	5491	18547
1988	8931	16904	2395	42878
1989	8452	15743	8134	35178
1990	16367	2000	8315	25122
1991	19656	4100	9388	38711
1992	121927	12100	23138	59922
1993	225567	9154	54120	39112
1994	350234	52000	101499	75985
1995	385053	35600	152064	58924
1996	392431	120400	200587	97771
1997	385066	202100	251135	91166
1998	363729	132989	251803	53984
1999	362034	102545	253203	21332
2000	460000	—	256000	26467
2001	463000	—	322000	7688

续表

年份	合同利用外资		实际利用外资	
	直接利用外资	借用国外资金	直接利用外资	借用国外资金
2002	581220	—	380591	6310
2003	351297	—	163325	7225
2004	558855	—	247243	22993
2005	732281	—	332885	31688
2006	811156	—	413077	23819
2007	1151856	—	527776	18257
2008	2003001	—	741978	17701

注：自 2003 年开始，直接利用外资额采用商务部新口径。
资料来源：《天津市统计年鉴 2009》。

2. 跨国公司的引领与组织

全球化过程使生产和组织形式发生显著变化，商品的信息的流动成本大大降低。开始于 20 世纪 60 年代的海外生产突然间变得更加普遍。地理上的分散和生产体系的分裂、劳动的分工及工作的专业化随之发生，虽然这通常发生在公司跨越国家边界进行兼并、接管及联合生产使其权力越来越集中的过程中。虽然许多公司仍然在其宗主国保持了一个强大的基地，但公司支配空间的权力更大了，使单个地点越来越受制于它们的一时冲动。全球电视机、全球小汽车成为政治经济生活的一个日常方面。在一个地方停止生产，又在别的地方开始生产，这已成为常事——一些大规模的生产业务在过去 20 年中迁移了四五次。2008 年天津市滨海新区直接利用外资情况如表 5-3 所示。

表 5-3　　　　　　　2008 年天津市滨海新区直接利用外资情况

项目	直接利用外资合同数（个）	直接利用外资合同额（万美元）	实际直接利用外资额（万美元）
总计	330	918579	507703
按投资方式分			
合资企业	67	115507	108359
独资企业	257	793518	330457
按行业分			
农、林、牧、渔业	1	1025	509
采矿业	3	3882	59
制造业	82	219741	121847
电力、燃气及水的生产和供应业	2	2653	5360

续表

项目	直接利用外资合同数（个）	直接利用外资合同额（万美元）	实际直接利用外资额（万美元）
建筑业	6	28607	71367
交通运输、仓储和邮政业	27	67886	29449
信息传输、计算机服务和软件业	10	32794	2450
批发和零售业	67	83297	46967
住宿和餐饮业	1	620	347
金融业			130
房地产业	7	59413	29251
租赁和商务服务业	84	265847	42115
科学研究、技术服务与地质勘查业	24	38910	54894
水利、环境和公共设施管理业	10	91175	5360
居民服务和其他服务		10682	16149
文化、体育与娱乐业	1	10974	2350

资料来源：《天津市统计年鉴（2009年）》。

全球化的发展为跨国公司的生存和运作提供了基本的外部条件。通过直接投资、技术转让等活动，跨国公司获得发展空间。跨国公司的进入，可以在大城市中形成新的产业空间，这种空间具有较高的空间势能，能够改变城市的投资结构和生产空间布局，在城市中形成大大小小的产业集聚区，促进了城市产业结构升级换代的步伐。

另外，随着布雷顿森林体系解体，以及在宏观经济领域凯恩斯主义的弱化，国家对经济的干预减少，跨国公司在地区经济中获得更多的发言权。特别是随着总部经济的发展，跨国公司对城市产业经济的影响程度日渐提高。20世纪80年代初的中国迅达电梯有限公司和北京吉普汽车有限公司是北京市最早的跨国公司合作案例，截至2004年年底，全球"500强"企业中累计超过150家在北京投资。数十家跨国公司和投资银行在北京市设立总部。跨国公司在天津市的投资发展也是从80年代进入大规模实施阶段，特别是在全面改革开放实施以来，进入投资高潮；进入21世纪以后，跨国公司的投资从试探性发展到规模化，投资方式从单一的合资、合作扩展到独资和控股。总部经济的发展和跨国公司的进入，加速了大城市第三产业的发展，特别是生产性服务业的快速跃迁。

5.1.2 信息化与网络社会

信息化的快速带动，加快了空间要素之间的联系，改变了传统的生产和生活方式，形成了虚拟经济和虚拟空间。信息化已经成为当今世界经济发展的大趋势，也是城市实现产业结构升级和提升竞争力的必要途径。

信息化的发展，本身就能够带动产业结构的升级。信息产业已经成为当前大城市国民经济中的重要组成部分，信息设备制造、信息服务等行业已经逐渐成长为行业的翘楚。另外，信息化的发展，也改变了传统产业布局模式和组织方式。信息化的建设，减弱了传统产业和企业之间的空间依赖性，使远距离的企业之间也能够实现迅速的对话。生产要素的流通加快，生产过程的效率提高，每一个生产环节都是可以监控感知的，生产效率空间得到提高。

信息化的发展，也改变着人们的生活方式。通过网络订货和购物，人们就可以减少外出购物的机会，这在一定程度上改变了购物空间的组成。处在网络两端的个体，可以通过网络迅速建立联系，空间在这里失去了作用；然而，网络的兴起，在某种程度上也减少了人们面对面的交流，使社会空间结构异化程度提升，人文关怀需求比之以往更加可贵。

信息化的推动，催生了虚拟经济。在没有实体空间布局的情况下，也可以通过信息交换和更新，实现经济过程的抽象运作。虽然这种过程存在一定的危险性，但已经成为经济构成中的重要组成部分。

从影响主体来看，信息化对城市空间结构的影响凸显在三个方面：第一，信息化提升了城市规划和管理运营的科学性，电子政务和各级政府网站的推出，提升了城市信息透明度，提升了城市管理效率；第二，信息化为企业注入了新的发展机制，ERP等信息管理系统的实施，提升了生产效率，降低了运营成本；第三，信息化的推广极大地改变了城市居民的生活模式，如医疗保健、交通出行、购物休闲、教育就业、公共事业服务和农村信息服务等方面。

从未来发展趋势来看，信息化将成为区域经济和城市发展的重要取向，特别是随着数字城市和"智慧地球"的逐步完善，传统的生产组织方式和就业空间模式将进一步被突破，城市要素流动的空间距离摩擦将被缩小，整个城市空间也会呈现出更多的柔性特征。

5.1.3 现代主义与均质空间

随着全球化的影响逐渐深入，现代主义进入人们的价值观和审美观之中，影响着人们的内在意识。现代主义从发达国家扩展到发展中国家，蔓延到城市建筑领域，改变了城市的风格，塑造了迥异于传统历史文化建筑的现代风貌，使城市实体建筑空间出现"趋同化"的危险倾向，同时也减弱了人们传统的乡土观念，营造了一种"均质空间"。

现代主义是文学和艺术界的一种技法，或者说是一种表现形式。例如，19世纪后期的印象主义、象征主义等。现代主义文学则是在文明浩劫之后的一种理性回归，正如文学领域的新鲜空气，而其本身并不能称为独立的派别，它包括表现主义、未来主义、象征主义、意象派、意识流、存在主义、魔幻现实主义等。

相比之下，现代主义建筑的特征就较为显著。它主张创造与工业化社会相适应的建筑，表现出鲜明的理性主义色彩。主要特点包括：建筑要与工业化大背景相适应，注重实用功能和经济问题。中央商务区、大型购物中心和"火柴盒"式的高层建筑，成为现代主义的直接衍生物。尤其是在改革开放以后，城市土地市场化程度逐步加快，中国大城市用地显得过于紧张；与此同时，建筑技术取得了快速发展，这营造了20世纪80年代中国大城市高层建筑开发热潮。在90年代，中央商务区成为城市快速发展的重要标志，出现了又一股开发热潮。继北京朝阳和上海陆家嘴之后，天津、武汉、西安、南京等多个城市也普遍制订了中央商务区规划，甚至有些中小城市也提出类似规划。中央商务区的建设，形成了大城市的经济集聚中心，特别是现代服务业、总部经济、研发中心和创新孵化中心，但残酷而富有理性的现实主义，利用水泥和砖石，凝固出千城一面的城市堡垒，甚至仅从城市的建筑细部来看，都难以准确分辨出城市的名称和方位。

5.1.4　后现代主义与个性空间

现代主义利用理性的车轮，将城市的传统和历史进行了碾压，形成了高效率、统一化的城市面貌。但在这种繁荣的背后，伴随着对人的主体性的剥夺、感情的僵化以及机械性的统一。在这种巨力的推动下，城市似乎成为庞大、严密和冷酷无情的机器体系，而人类则沦为这庞大机器的奴隶，正如《摩登世界》中所描绘的那样，生活在城市中的人类似乎失去了主体性。同时，机器大工业的发展，使自然资源迅速减少，自然生态与人类生活环境急剧恶化。这引起了人们的不满和反思。

作为对现代主义的理性批判，后现代主义应运而生，并成为诸多领域的一种重要思潮，同时在日常生活、文化符号、城市意象和建筑中得以广泛地表现出来。例如，标准的家庭汽车现在已经被双排座跑车、四轮驱动实用型汽车、家族汽车、载人卡车、城市轿车以及诸如跑车实用型汽车和小型家族汽车等混合型汽车所取代。包括各种已经被广泛接受的流行乐、蓝调、民谣、灵歌和爵士乐等流行音乐领域在内，出现了很多不同的混合体，如世界流行乐、丛林乐、佛教入定乐和新时代音乐等。后现代主义潜移默化地影响和改变着人们的认知观。其特点在于无中心意识和多元价值取向，造成评判价值标准的模糊化，造成文化生态平衡的失调，使社会空间结构分异化程度显著提升。

对于城市空间中的后现代主义而言，最为明显的特征就是后现代建筑单体和个性空间的出现，这在京津等大城市也有所体现。对于前者而言，后现代主义建筑单体具有迥异于传统建筑的独特风格，往往能够给人以极强的视觉冲击力和深刻的印象。它们能够改变传统建筑群的空间格局，形成一种杂糅的组合建筑模式。例如，坐落于北京中轴线上的国家大剧院，就在一定程度上改变了内城严格的对称格局，使其具有一定的柔性化特征。天津的后现代城（kidults）将后现代主义的理念进行分解和具体化，即成人孩童化、生活自由化、品位小资化和小户型高档化，成为房地产市场的翘楚。对于后者，北京的"798"是典型的代表。这一区块原为国营北京华北无线电器材联合厂，位于酒仙桥路、京包铁路、酒仙桥北路和将台路之间。企业外迁后，通过产业置换和再开发，这一区域变为北京文化新地标。"798"的成功运营不仅仅限于产业转型与区域再开发的单一层面，它实际上具有后现代主义文化空间的痕迹，成为均质化空间中一块标新立异的区域。当然，作为一种思潮和文化现象，后现代主义受到多方质疑，但它对于城市空间的影响无疑是确实存在的。后现代主义思潮正悄无声息地改变着人们的传统认知理念，将已有的均质空间撕裂，形成个性化要素，这代表了转型期大城市空间结构演变的一个取向。

5.1.5　产业转移与替代

产业转移是国际贸易和分工协作的重要途径。跨国产业的转移始于20世纪50年代，欧美国家由于降低生产成本的需要，将部分产业环节转移到新加坡、韩国，以及中国香港和中国台湾地区，以劳动密集型的产业模块为主要代表。80年代，随着上述地区的迅速崛起和产业结构的升级转换，中国和东南亚地区成为国际产业转移的新区域。中国大城市成为国家产业转移的重要选择点，特别是东部沿海发达地区的大城市，成为承接产业转移的前沿阵地。

通过承接国际产业转移，大城市加快了产业结构的优化升级，尤其是第三产业的高级化过程。在国际产业转移的背景下，北京的产业结构呈现高级化趋势，生产性服务业和现代制造业成为新的经济增长点。旧的产业不断被替代，为新产业创造发展空间，由此产生了产业空间布局的不断变动。特别是总部经济的引入，极大地提升了中心区的集聚功能效应，加快了中心区产业的空间重组。同样的，自改革开放以来，天津市利用优越的区位条件、良好的工业基础和沿海港口的运输功能，吸引承接国际产业转移，培育出现代制造业、生产性服务业、高技术产业等产业集群，为滨海新区经济地位的巩固创造了条件，改变了传统的单核心城市空间模式。

5.1.6　柔性生产与灵活积累

　　随着市场需求的多元化以及竞争的激烈性，传统的福特主义逐渐向后福特主义过渡。在机器大工业确立之后，以福特公司为代表的福特主义成为生产组织方式的核心板块，它通过大规模生产获取规模效应，降低生产成本，但对于市场的响应较慢，难以适应快速的市场变化。而后福特主义则是以信息技术为基础，以需求个性化为方向，具有柔性生产和弹性积累的典型特征。这种转向对于大城市产业结构与空间布局都有着特殊意义：一方面，在由传统的"福特式"大规模生产方式向"柔性生产"转变的过程中，产业集群处于优势地位，这使产业集群成为转型期大城市产业空间组织的重要方式；另一方面，后福特主义的发展，对信息技术有很强的依赖性，这就为生产性服务业的发展创造了条件，加快了信息服务、物流等行业的发展，推进了大城市产业结构的优化升级（见表5-4）。

表 5-4　　　　　　　　　　　福特制与后福特制的典型差异

	福特制	后福特制
劳动过程	不熟练以及半熟练劳动者	掌握多种技能的劳动者
	单一工作任务	多样工作任务
	工作具体化	工作细分
	有限的训练	广泛的工作训练
产业组织	大型企业的垂直一体化	准垂直一体化，亦即转包、逆中心化、战略联盟、小商业的增长
组织原则	标准化产品的批量生产	小批量生产
	规模经济、资源导向	范围经济、市场导向
	大量储备缓冲	小库存、即时递送系统
	产品组装后再进行质量检测	产品生产过程中进行质量检测
	产品储备中有劣质产品	劣质产品一经发现立即销毁
	主要通过控制工资来减少成本	通过革新提高竞争力
区位特征	劳动空间差异产生分散的制造业工厂	柔性产业区位形成产业地理集聚
	地区性功能专业化	多功能集聚
	产品成分包含世界范围的资源	产品成分从空间上接近的、半整合的工厂中获得
	产业大都市的增长	乡村边缘地区的新产业空间的增长

　　资料来源：Pinch, S. Worlds of Welfare: Understanding the Changing Geographies of Social Welfare Provision, Routledge, London: 1979。

全球化进程改变了计划经济时期的国家配置模式。市场经济不是资本主义独有，资本主义有计划，社会主义也有市场，市场经济不是资本主义与社会主义的根本区别。市场经济理念的确立，将优胜劣汰导入了城市产业与空间的竞争之中，显著地加剧了空间与产业的演替过程。这加快了城市内部产业的更新换代与优化升级进程。随着计划经济时期"自上而下"宏观调配的弱化，各种经济实体的"自下而上"的自觉组织成为现实，孕育出多种形式的产业组合空间，而产业集群就是其中的一种。实际上，在市场经济条件下，产业集群可以实现外部规模经济效应，减少中间损耗，达到互利共赢的局面。

产业集群是一组在地理上靠近的相互联系的公司和关联的机构，它们同处或相关于一个特定的产业领域，由于具有共性和互补性而联系在一起。根据"两轴两带多中心"的城市空间发展布局，北京市工业发展依循"布局集中、用地节约、产业集聚"的原则，形成了类型多样的产业集群。这其中包括两种规模不等的类型：一种是以开发区为核心，资金和技术密集型的产业集群，如中关村科技园区、北京经济开发区、顺义临空产业与现代制造业基地、东部现代制造业基地（涉及密云、怀柔、平谷和通州的开发区）、北部生态工业集聚区、西南部特产产业集聚区；另一种是由小规模企业自发组织，发挥灵活性，形成的低端产品集群，如服装、廉价电子产品等（见表5-5）。

表5-5　　　　　　　　　2006～2007年北京市部分第三产业增加值

项目	增加值（亿元）		占GDP比重（%）	
	2007年	2006年	2007年	2006年
现代服务业	4672.9	3740.9	50.0	47.5
信息传输、计算机服务和软件业	855.9	688.5	9.1	8.8
金融业	1286.3	974.1	13.8	12.4
科学研究、技术服务和地质勘查业	539.3	424.5	5.8	5.4
卫生和社会保障业	147.4	129.4	1.6	1.6
文化、体育和娱乐业	227.4	191.4	2.4	2.4
房地产业	644.2	559.8	6.9	7.1
商务服务业	541.4	401.4	5.8	5.1
环境管理业	19.4	16.6	0.2	0.2
教育	411.6	355.2	4.4	4.5
生产性服务业	4004.8	3192.7	42.8	40.6
流通服务	768.7	692.2	8.2	8.8
信息服务	855.9	688.5	9.1	8.7
金融服务	1286.3	974.1	13.8	12.4

续表

项目	增加值（亿元）		占 GDP 比重（%）	
	2007 年	2006 年	2007 年	2006 年
商务服务	554.6	413.4	5.9	5.3
科技服务	539.3	424.5	5.8	5.4
信息服务业	835.9	1032.3	8.9	13.1
信息传输服务	305.8	368.7	3.3	4.7
信息技术服务	311.1	400.9	3.3	5.1
信息内容服务	219.0	262.7	2.3	3.3
物流业	383.5	368.0	4.1	4.7
交通运输、邮政、仓储业	318.1	306.2	3.4	3.9
流通加工、配送、包装业	65.4	61.8	0.7	0.8

资料来源：《北京市统计年鉴（2009 年）》。

通过"自下而上"的自组织和"自上而下"的政府依循市场规律调控下，天津市也形成了一些产业集群。前者以乡镇自发的产业集群为代表，专业化程度较高、产业组织灵活、生产成本相对较低，如津南区的环保产业集群、崔黄口镇的地毯产业集群和静海县大邱庄镇的金属再加工产业集群。后者是在政府的宏观调控和扶持下，综合形成的高端产业集群，专业化程度很高，产业链较为完善。从本质上来看，这类产业集群的产生也是植根于市场经济的自组织性，具有代表性的个体有天津经济技术开发区、天津新技术产业园区、武清开发区、北辰科技园和天津滨海新区。需要特别指出的是，滨海新区是目前和今后相当长时期内天津市最为重要的产业集群分布区，涉及电子信息、石油冶炼、海洋化工、现代冶金、机械制造、生物医药、新能源等高新技术产业。这些产业集群，已经成为城市经济发展的策源地，极大地改变了计划经济时期国家"分配"的固有模式，使城市产业发展具有高度的灵活性。

从表 5-5 可以看出，现代服务业已经成为地区生产总值中的重要支柱，特别是生产性服务业，更是占据较大比重。这一方面与转型期大城市产业结构升级的大背景是一致的，另一方面也代表着今后大城市产业高级化的主要走向。

5.2

国家层面：体制转型与要素重组

从国家层面来看，转型期的制度改革，改变了城市发展的传统环境，以及构成要素的组织方式，使城市空间结构产生变革。这包括市场化与要素重组，城市化与战略引导，以及工业化与结构调整。

5.2.1 市场化与要素重组

计划经济时期，单位制是社会组织的重要单元，城市土地由国家进行统一划拨，严格的户籍制度限制了人口流动，而福利分房也成为城市住房分配的主要方式。改革开放以后，单位制、土地制度、户籍制度和住房制度都发生了较大的变革，这就改变了建构在这些制度之上的城市空间结构。

1. 单位制转型

单位制是新中国成立以后普遍实行的组织制度。这种制度的实施既满足了社会需求，也符合社会资源匮乏的情况下的经济建设需要，单位成为城市管理中的一个基本单元。自改革开放以后，随着单位制的消解，中国步入"后单位制"时代，社会组织模式发生变化。

在计划经济时期，单位不但具有专业功能，还兼具社会经济的综合功能。单位实际上承担了"微型社会"的组织功能，"单位办社会"和"企业办社会"的方式，成为单位组织机构的基本框架。单位具有组织生产和服务生活的双重功能，除了必要的业务部门和党政部门以外，单位往往还包含学校、医院和宾馆等机构。进入单位之后，个体生活的多个方面都与单位建立了千丝万缕的联系。单位不仅通过一定的分配方式，使内部成员获得相应的劳动报酬，更为重要的是，在城市居民生活的多个方面都给予相应的待遇。如通过住房分配为成员解决生存空间，通过公费医疗保障健康需求，通过托儿所、澡堂和食堂等机构，解决单位职工及其子女的日常生活需求。在单位制的组织模式下，人员的社会职业流动显得较为僵硬，职业构成较为稳定，因为离开单位就有可能意味着失去既有的社会资源和生活保障。这就形成了两种倾向：一方面，"单位办社会"使单位的运行成本加大，负担的责任超出了本单位业务范围，使机构过于臃肿；另一方面，单位制的组织方式使内部成员形成一种认同感或归属感，"跳槽"和自谋职业的现象较为少见。

传统单位制社区随着单位制的巨大变异而发生结构性和功能性演变。在实行单位制期间，特定的人群工作、生活、居住都可以在一个有限的范围内进行，相互之间的感知度较高。随着单位制的转型，特别是机构改革，单位的专业化程度提升，一些附属机构被剥离出单位，成为社会中的独立单元。单位也不再解决或完全解决住房等个人需求，转而将这些部分转移到市场化的洪流之中。这就增加了单位成员的自主性，特别是个人通过自谋职业或艰苦创业，可以获得更大的成功，获取更多的社会资源。社会职业构成的流动性加快，单位实际上只承担业务范围内的职责。随着社区组织模式的形成和逐步完善，原来的单位大院就趋于瓦解，一个社区内部的居民，相互之间认知度较低，相处的时间也相应地缩短。这使社会空间分异程度显著提升，破碎化程度加剧。

当然，作为长期积淀的社会组织模式，单位制的转型并不是一蹴而就的，或者说在相当长的时期内，单位制的痕迹还是会存在的。例如，单位福利分房与完全的商品房市场就处于一种伴生混杂的阶段，这也是由于转型的长期性所决定的。但是，这种转型是中国转型期的大背景下的必然趋势，社区结构和生产生活方式也必将随之发生转变，具有更大的自由性、灵活性和多样性。

2. 土地制度改革

改革开放前后，中国土地制度发生显著变化。土地制度的改革始于农村，也是改革开放的重要标志。然而，城市土地制度的改革后来居上，随着土地征用、土地储备等一系列措施的出台，城市土地使用制度日趋丰富（见表 5 - 6）。但是从土地制度演变的过程和现行制度来看，还存在一些问题，突出表现在土地监控制度覆盖的不完善以及二元结构的并存造成使用的混乱低效。

表 5 - 6　　　　　　　1978 年以来中国城市土地制度的重要举措

年份	法规	内容
1982	《宪法》	确定城市土地国家所有
1988	《中华人民共和国城镇土地使用税暂行条例》	对城镇土地征收使用税
1988	《中华人民共和国宪法修正案》	使用权可依照法律规定转让
1990	《城镇国有土地使用权出让和转让暂行条例》	出让与转让制度
1994	《城市房地产管理法》	制度化和规范化
2001	《关于加强国有土地资产管理的通知》	土地使用权交易的社会化
2002	招标拍卖挂牌出让国有土地使用权规定	市场配置土地资源
2003	《协议出让国有土地所有权规定》	土地协议需引入市场竞争机制
2004	《国务院关于深化改革严格土地管理的决定》	禁止非法压低地价招商
2006	《关于加强土地调控有关问题的通知》	工业用地必须采用"招拍挂"出让
2007	《中华人民共和国物权法》	确立了国有建设用地配置机制
2008	《国务院关于促进节约集约用地的通知》	提高土地出让市场化程度

资料来源：根据相关法律条例整理。

土地使用制度的建立，改变了传统的行政划拨的单一模式，这使级差地租的约束力开始发挥作用。要出售一件东西，唯一需要的是，它可以被独占，并且可以让渡。不同地租形式的这种共同性——地租是土地所有权在经济上的实现，即不同的人借以独占一定部分土地的法律虚构在经济上的实现。地租的量完全不是由地租的获得者决定的，而是由他没有参与、与他无关的社会劳动的发展决定的。一方面，土地为了再生产或采掘的目的而被利用；另一方面，空间是一切生产和一切人类活动所需要的要素。从这两个方面，土地所有权都要求得到它的贡赋。对建筑地段的需求，会提高土地作为空间和地基的价值，而对土地的各种可用作建筑材料的要素的需求，同时也会因此增加。

2008 年天津市各区县所在地城镇基准地价更新成果如表 5-7 所示。

表 5-7　　　　　2008 年天津市各区县所在地城镇基准地价更新成果　　　单位：元/m²

区县	用途	级别						
		Ⅰ	Ⅱ	Ⅲ	Ⅳ	Ⅴ	Ⅵ	Ⅶ
塘沽区	商业	4004	2833	2005	1419	1004	711	503
	居住	1678	1339	1069	853	681	543	434
	工业	635	544	466	424	.384	—	—
汉沽区	商业	1260	825	540	355	—	—	—
	居住	710	550	425	340	—	—	—
	工业	450	385	330	288	—	—	—
大港区	商业	1475	1100	815	615	—	—	—
	居住	930	795	685	585	—	—	—
	工业	490	420	365	315	—	—	—
西青区	商业	1350	960	720	480	—	—	—
	居住	1310	930	650	360	—	—	—
	工业	440	380	336	—	—	—	—
北辰区	商业	1000	880	580	—	—	外环线以外区域	
	居住	980	520	400	—	—		
	工业	350	320	288	—	—		
津南区	商业	980	760	530	—	—	—	—
	居住	770	530	400	—	—	—	—
	工业	350	343	336	—	—	—	—
东丽区	商业	1000	850	540	—	外环线以外区域		
	居住	980	720	530	—			
	工业	430	320	288	—			
静海县	商业	1655	1255	1000	600	400	—	—
	居住	885	755	580	330	—	—	—
	工业	425	280	204	—	—	—	—

续表

区县	用途	级别						
		I	II	III	IV	V	VI	VII
宁河县	商业	1100	660	418	258	—	—	—
	居住	560	410	280	211			
	工业	345	256	182	168			
蓟县	商业	2080	1170	655	370			
	居住	895	670	500	370			
	工业	450	375	270	230			
宝坻区	商业	1435	983	673	461	318	—	—
	居住	772	620	498	400	318		
	工业	355	300	260	230	—		
武清区	商业	1250	820	520	330	—	—	—
	居住	665	565	390	290			
	工业	—	275	264	252			
开发区	商业	2758	1750	1064	760	一至三级为开发区东区 四级为开发区西区		
	居住	1736	1310	994	662			

资料来源：天津市国土资源和房屋管理局 http：//www2. tjfdc. gov. cn/Lists/List7/DispForm. aspx？ID = 2680。

　　从现行土地制度来看，二元结构依然存在，造成了土地利用的混乱与低效。一方面，行政划拨与土地"招拍挂"的市场流动机制并存，硬约束与软实力产生矛盾；另一方面，城市土地的国有性质与农村土地的集体所有制性质，共同孕育了城市边缘区这一特殊地点，土地利用复杂，管理混乱，成为城市蔓延的前沿阵地。

3. 户籍制度松动

　　户籍制度的设置源于新中国成立初期的特殊背景，在当时发挥了一定的历史作用。然而，随着社会经济的发展，户籍制度削弱了经济要素的自由流动，阻碍了城市化进程，遏制了消费经济的发展，阻碍了城乡统筹。从户籍制度的整体变迁来看，可以分为三个典型的阶段，即 1958 年以前自由迁徙，1958 ~ 1978 年的严格控制，以及 1978 年以来的半开放期。具体的变化过程如表 5 - 8 所示。

表 5-8 中国户籍制度变动轨迹

年份	主要内容
1954	迁徙和居住自由
1955	建立户口登记制度
1958	《户口登记条例》，划分农业户口与非农业户口
1975	取消有关迁徙自由的规定
1984	允许农民自理口粮进集镇落户
1985	限制农转非年度指标
1997	为小城镇发展提供落户优惠政策
1998	城市投资、兴业或购买商品房落户的有关规定
2001	推进小城镇户籍管理制度改革
2010	深化户籍制度改革

资料来源：根据相关法律条例整理。

改革开放以来，户籍管理的松动，促进了人口向城市的流动，扩大了城市规模，促进了城市的空间扩张和人口密度增长，形成了外来人口这一特殊群体。农村劳动生产率的提升催生出大批富余劳动力，特别是 1984 年政府允许农民自理口粮进入城镇务工经商，剩余劳动力冲破城乡藩篱。2005 年北京市 1% 人口抽样调查资料显示，2005 年年底北京市外来人口总量达到 357.3 万人，比 2000 年增加 101.2 万人，平均每年增加 20.2 万人，年均增长 6.9%。外来人口占全市常住人口的比重为 23.3%。外来人口主要分布在朝阳、海淀、丰台、大兴、昌平、通州六个区。迅速增加的外来人口，已经成为大城市中的重要阶层，而外来人口集聚区也是城市社会问题的焦点所在地[1]。

4. 住房制度调整

住房制度是城市住房生产、分配、交换和消费的组织模式。转型期住房分配方式发生重大变化，加快了社会空间分异与重构过程。

在计划经济时期，城市住房制度采用福利分配制，即采用实物分批福利制度，根据工龄、人口来决定分配住房的大小和区位，确立市场机制调节和交换过程，忽视经济效益。随着福利分房制度的改革，城市居民可以自由购房，市场规律、区位条件和收入差异，成为住房选择的重要因子。中低收入在远郊集聚，高收入阶层能够自由选择，这样就形成了新的社会空间结构层次，形成了居住空间分异的必然趋势。随着收入的分化，居住空间分异在大城市成为显著的现象，以

---

[1] 北京市统计信息网. http://www.bjstats.gov.cn/

北京为例，精英阶层分布于市中心新社区和城市边缘区的低密度别墅区；具有高学历和技术水平的年轻白领高收入者表现出交通指向性，居住在沿地铁等交通线分布的门禁社区；低收入阶层集中在老城区的街巷中，居住环境有待改善；外来人员（特别是低收入者）则青睐于廉价的出租房，如圆明园周边地区，由于租金较低，交通便利，且临近批发市场，成为低收入阶层集聚区。此外，还有一部分人群承接了计划经济时期的福利分房制度，继续居住在单位分配的老房子里，以学校等事业单位为代表（见图5－1）。

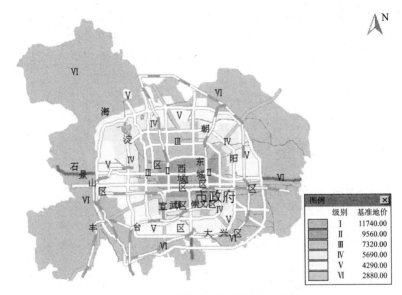

图5－1　2009年北京市居住用地基准地价分布

资料来源：中国城市地价动态监测系统。

5.2.2　城市化与战略引导

城市空间结构的变化，与国家城市发展的指导政策是密切相关的。实际上，每一阶段的政策导向，都显著影响着城市规模、城市结构和城市性质的变化。新中国成立伊始，为巩固提升社会主义国家的经济实力，国家提出"把消费城市变成生产城市"，迅速地恢复生产，各种工业类型在大城市得到迅猛发展，北京开始建设重工业化城市。20世纪70年代，知青下乡造成了城市人口的缩减，形成了特殊的"逆城市化"时期。1980年，鉴于小城镇发展的灵活性以及对城市化带动作用的显著意义，国家提出"控制大城市，多搞小城镇"，中国进入"造镇"阶段，小城镇得到迅速发展。如表5－9所示，以边缘集团为核心，形成了产业类型多样化的小城镇体系。

表 5 - 9　　　　　　　　　　北京市区县中心镇支柱产业一览

区镇	中心镇	支柱产业	规划支柱产业
通州区	宋庄镇	房地产	建材、食品、印刷
	马驹桥	环保产业	物流、食品加工
	永乐店	建材	—
	潞县镇	服装、精细化工	服装、精细化工、新型建材
大兴区	榆垡镇	农副产品基地	以林业带动旅游业
	庞各庄	观光农业（梨、瓜）	观光农业、商贸
	西红门	房地产	轻纺产业、服装
	采育镇	建材	物流配送
房山区	长沟镇	轻型加工业、绿色环保产业	轻型加工业、新技术产业
	窦店镇	—	—
	琉璃河	建材	环保产业
	韩村河	轻型加工业、环保产业	
丰台区	王佐镇	旅游休闲	物流
顺义区	杨镇	建筑、房地产	汽车城、国展中心
	后沙峪	房地产	保税库及航空机械维修
	北小营	绿色食品加工业、服装业	食品饮料、汽车配件、服装加工
	高丽营	空港城的副食品生产、加工	
门头沟	斋堂镇	旅游服务业	旅游服务业
	潭拓镇	旅游服务业	旅游服务业
昌平区	北七家	房地产	旅游休闲
	阳坊	集贸	高科技基地
	小汤山	旅游休闲	高新技术企业
海淀区	温泉	高科技产业基地、休闲旅游	高科技产业基地、休闲旅游基地
延庆县	康庄	加工工业	加工工业、商业服务业
	永宁	种植业、生产加工业	加工工业
	旧县	建材	药品工业
密云县	十里堡	印刷业、电子业、副食品	高科技产业、绿色农业基地
	溪翁庄	旅游度假	—
怀柔区	汤河口	雁栖工业区、旅游	特色果菜种植、肉牛养殖、旅游

资料来源：北京市规划委员会，北京工业大学建筑与城市规划学院，首都经济与发展研究所. 北京市中心小城镇规划建设研究，2003。

进入 20 世纪 90 年代以来，小城镇后劲不足，出现了一系列问题，大城市又成为城市建设的发展重点。特别是在全面改革开放以来，大城市在吸引外资、集聚生产要素和人口方面发挥了组织核心作用。随着经济规模的不断扩大，大城市的核心地位不断提升，极化作用不断加强。2005 年出台的《中共中央关于制定国民经济和社会发展第十一个五年规划的建议》中，提出要促进区域协调发展，促进城镇化健康发展。坚持大、中、小城市和小城镇协调发展，提高城镇综合承载能力，按照循序渐进、节约土地、集约发展、合理布局的原则，积极稳妥地推进城镇化。"十一五"规划指出，要把城市群作为推进城镇化的主体形态，逐步形成以沿海及京广京哈线为纵轴，长江及陇海线为横轴，若干城市群为主体，其他城市和小城镇点状分布，永久耕地和生态功能区相间隔，高效协调可持续的城镇化空间格局。这实际上是进一步确定了大城市的核心地位，大城市空间结构与区域城市群的演变将形成有机互动。特别是随着大城市生产要素集聚功能和辐射作用的加强，城市与周边地区的产业分工将会进一步加深，城市产业高级化进程进一步加快；在中心城市发展的同时，边缘集团能够获得良好的发展机遇，承接产业分工与转移，这有利于多中心城市空间结构的形成。

5.2.3　工业化与结构调整

从产业结构与就业结构来看，中国正处于工业化中期阶段。改革开放以来，第二产业始终处于主体地位，而第三产业呈现上升趋势，这一趋势在全面改革开放以来尤为显著，新型工业化、产业高级化和第三产业发展成为转型期产业升级的主体内容。相较于全国总体水平而言，大城市的产业结构优化升级速度则保持领先。随着三次产业产值和就业比重的此消彼长，农业的经济作用逐渐弱化，第二产业成为转型期大城市财政收入的主要来源，而第三产业保持了旺盛的增长势头，是产业结构高级化的必然途径。在产业结构调整的大背景下，都市型现代农业、先进制造业和现代服务业逐渐成长为三次产业的主要发展方向（见表5 - 10）。北京市经济技术开发区和临空经济区等产业基地的形成（见图5 - 2），天津市滨海新区的跨越式发展，都是中国工业化推进与结构调整的重要产物。

表 5 - 10　　　　　1978 ~ 2007 年中国产业结构与就业结构　　　　单位：%

年份	产业结构			就业结构		
	第一产业	第二产业	第三产业	第一产业	第二产业	第三产业
1978	28. 10	48. 16	23. 74	70. 53	17. 30	12. 18
1979	31. 17	47. 38	21. 44	69. 80	17. 58	12. 62

续表

年份	产业结构			就业结构		
	第一产业	第二产业	第三产业	第一产业	第二产业	第三产业
1980	30.09	48.52	21.39	68.75	18.19	13.06
1981	31.79	46.39	21.83	68.10	18.30	13.60
1982	33.27	45.01	21.72	68.13	18.43	13.45
1983	33.04	44.59	22.37	67.08	18.69	14.23
1984	32.01	43.31	24.68	64.05	19.90	16.06
1985	28.35	43.13	28.52	62.42	20.82	16.76
1986	27.09	44.04	28.87	60.95	21.87	17.18
1987	26.79	43.90	29.31	59.99	22.22	17.80
1988	25.66	44.13	30.21	59.35	22.37	18.28
1989	25.00	43.04	31.95	60.05	21.64	18.31
1990	27.05	41.61	31.34	60.10	21.40	18.50
1991	24.46	42.11	33.43	59.70	21.40	18.90
1992	21.77	43.92	34.31	58.50	21.70	19.80
1993	19.87	47.43	32.70	56.40	22.40	21.20
1994	20.23	47.85	31.93	54.30	22.70	23.00
1995	20.51	48.80	30.69	52.20	23.00	24.80
1996	20.39	49.51	30.09	50.50	23.50	26.00
1997	19.09	49.99	30.93	49.90	23.70	26.40
1998	18.57	49.29	32.13	49.73	23.61	26.66
1999	17.63	49.42	32.95	50.10	23.00	26.90
2000	16.35	50.22	33.42	50.00	22.50	27.50
2001	15.84	50.10	34.07	50.00	22.30	27.70
2002	15.32	50.37	34.30	50.00	21.40	28.60
2003	14.42	52.20	33.38	49.10	21.60	29.30
2004	15.17	52.89	31.94	46.90	22.50	30.60
2005	12.24	47.68	40.08	44.80	23.85	31.35
2006	11.34	48.68	39.98	42.62	25.16	32.22
2007	11.26	48.64	40.10	40.84	26.79	32.36

资料来源：《新中国五十五年统计资料汇编》。

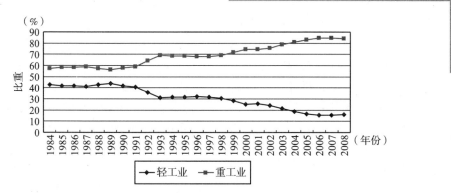

图 5 – 2　北京市工业结构变动趋势

资料来源:《北京市统计年鉴（2009 年)》。

5.3

区域层面: 资源约束与区域导向

城市与区域是紧密联系的有机整体。一方面，城市源于区域，是区域空间要素集中化的最终结果；另一方面，城市又是区域要素组织和流动的中心。区域提供了城市发展的背景和载体，决定了城市空间拓展的大方向。随着城市规模的扩大，城市对外部的依赖程度提高，需要更多生产和生活要素的输入，城市发展和空间的进一步拓展受到资源环境条件的制约，凸显在水资源、能源、土地和生态这四个方面。另外，区域政策和区域发展阶段也对城市发展、城市空间演变有着重要的导向作用。

5.3.1　资源环境约束

作为开放式巨系统，城市对于资源的需求程度远高于区域的平均水平，成为各种要素的指向地。但随着城市规模的扩大，人口数量的增加和企业数量的扩张，城市对资源的需求程度不断提升。然而，城市本身的资源条件和区域输入规模在一定时期内是有限的，这样就对城市的发展形成了资源"紧约束"，从而限制城市发展和空间的扩张，或者迫使城市管理者在资源约束条件下，进行产业升级和城市更新。

以北京为例，水资源、能源、土地和生态资源对城市空间的演变都起着明显的约束作用。与全国平均水平相比，北京人均水资源量非常匮乏（见表 5 – 11），这实际上对产业结构的优化调整提出了要求。特别是对水资源消耗过多而相对产出效益欠佳的产业，无疑会受到一定程度的限制。这也将成为产业遴选和布局的重要指标。对于节水与耗水产业的发展，北京市发布《北京市工业当前鼓励发展的节水设备（产品）目录》以及《北京市工业当前限制、禁止发展采用高耗水工艺生产的产品目录》。其中，换热、污水处理及清洗等14大类设备和产品被列入鼓励发展的目录。同时，食品饮料、木材制造、造纸、化工等12个耗水量较高的行业被限制发展。7大类耗水量大、污染严重的产品，包括制浆、印染等被禁止发展。在水资源约束下，城市经济空间呈现出两种趋势：一种是产业结构的优化升级，耗水产业被适宜产业替代；另一种是中心区高耗水产业外迁，创造出新的发展空间。

表5-11　　　　　　　　2001~2008年北京市与全国水资源结构对比

年份	全国		北京		
	人均水资源量	人均用水量	人均水资源量	年人均生活用水量	万元GDP水耗
2001	2112.5	437.7	139.7	88.0	104.92
2002	2207.2	429.3	114.7	76.9	79.95
2003	2131.3	412.9	127.8	90.3	71.26
2004	1856.3	428.0	145.1	87.0	57.01
2005	2151.8	432.1	153.1	88.4	50.10
2006	1932.1	442.0	157.1	87.8	43.58
2007	1916.3	441.5	148.1	86.4	37.20
2008	2071.1	446.2	205.5	88.3	33.66

资料来源：《中国统计年鉴（2002~2009年）》，《北京市统计年鉴（2002~2009年）》。

改革开放以来，随着城市产业规模的扩大，三次产业对能源的消耗显著增加。从北京的能源消耗变动来看，如图5-3和图5-4所示，2008年能源的消耗总量是1980年相应数值的3倍多，这反映出大城市对于能源的依赖程度不断加深。从能源消耗的构成来看，第一产业能耗最少，依赖性程度较弱。第二产业（尤其是工业）是能源消耗的重要领域。第三产业随着产业规模的扩大，对能源的消耗也呈现出明显的上升趋势（见图5-5）。但是以GDP作为参照，1980~2008年，北京市万元GDP能耗处于下降趋势（见图5-6），这主要得益于两个方面的原因：一是能源利用效率的提高；二是北京市GDP提升较快。从三次产业的万元GDP能耗强度来看，第三产业具有较高的产出效益，是能源约束条件下的有效出路。另外，工业结构的升级、高耗能产业的替代，也将成为大城市产业布局的重要举措。

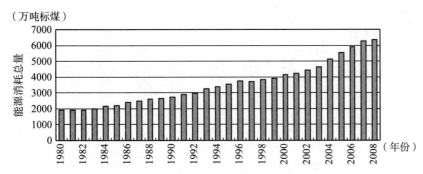

图 5 - 3　1980～2008 年北京市能源消耗总量

资料来源：《北京市统计年鉴（2009 年)》。

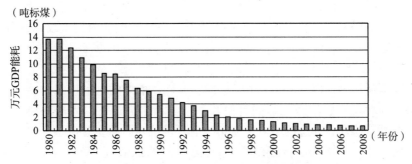

图 5 - 4　1980～2008 年北京市万元国内生产总值能耗

资料来源：《北京市统计年鉴（2009 年)》。

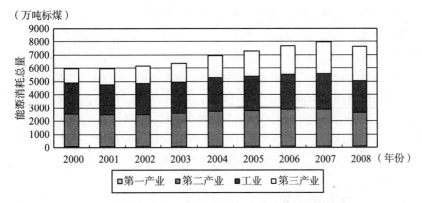

图 5 - 5　2000～2008 年北京市三次产业能源消耗总量

资料来源：《北京市统计年鉴（2009 年)》。

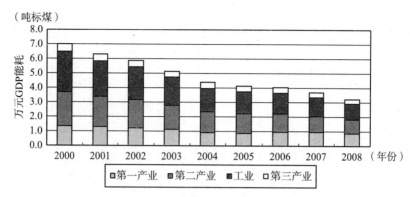

图 5 - 6 2000~2008 年北京市三次产业万元 GDP 能耗

资料来源:《北京市统计年鉴(2009 年)》。

　　土地是财富之母,生态是立市之本。如果说水资源和能源是大城市产业发展的约束条件,那么土地和生态环境则是城市存在和发展的前提。改革开放以来,大城市土地资源的稀缺性日益凸显,产业的引进、项目的落地,都要具体到土地的层面上来。同时,随着城市规模的扩大和空间的扩张,人类对城市自然环境的改造力度不断加大,但一些城市由于对 GDP 单一指标的过分追求,难以绕过发达国家"先污染、后治理"的固有模式,使城市生态恶化,人居环境也发生退化。随着可持续发展理念的引入,城市生态环境的重要意义逐渐成为共识。以北京市为例,北京西靠太行、北依燕山,中东部的平面地带是最适宜发展地带,相对于巨大的经济规模,城八区的空间范围显得过于局促。在级差地租的作用下,中心区原有的部分产业通过外迁获取发展资金和空间,城市边缘区成为土地利用类型变动剧烈和高度混杂地区。另外,随着主体功能区划的提出,限制开发区和禁止开发区的产业发展方向受到生态环境的严格约束,这样就会引发部分产业空间的重新选择,北京的把门头沟区、怀柔区、平谷区、密云县、延庆县以及房山区、昌平区山区部分,划定为生态涵养发展区,以高技术产业、文化创意产业为主要产业类型,迫使原有的污染工业搬迁或转型。土地和生态环境对天津城市空间的拓展也有明显的约束作用。天津城市起源于海河,在改革开放初期,城市空间和产业集中在海河沿线,具有明显的单中心特征。滨海新区人口较少,土地盐碱化程度高,盐碱荒地和滩涂是这一地区的典型景观。随着城市规模的扩大,城市急需培育新的增长点,拓展土地空间,滨海新区的未利用土地成为开发的热点地区。

5.3.2 区域发展导向

　　区域的发展进程能够极大地影响中心城市的空间演变和产业调整,特别是国家重大区域政策，能够对城市空间演变起到重要的诱导作用。

回顾改革开放以来中国的区域政策，可以发现其中有着明显的阶段性特征，而每一次的区域政策调整都对中心大城市的发展和空间调整产生了巨大的推动作用。20 世纪 80 年代看珠三角，90 年代看长三角，而进入 21 世纪的 10 年后，环渤海成为国家重点培育的增长极。20 世纪 80 年代，中国的改革开放率先在珠江三角洲地区展开，这催生了深圳市快速发展的神话，实现了城市空间的从无到有、从小到大；1990 年，党中央决定开发浦东，并制定了"开发浦东、振兴上海、服务全国、面向世界"的发展方针。这使上海从计划经济时期的老城市脱胎换骨成为一个国际大都市，城市空间结构也呈现出明显的国际化特征。

步入 21 世纪以来，随着京津冀都市圈、山东半岛城市群和辽中南城市群的崛起，环渤海地区成为国家政策的最新热点。在环渤海的整体格局中，天津滨海新区成为一个战略制高点。2006 年，国务院发布了《国务院推进天津滨海新区开发开放有关问题的意见》，凸显了滨海新区的重要地位，将滨海新区定位为北方对外开放的门户、高水平的现代制造业和研发转化基地、北方国际航运中心和国际物流中心。2008 年，国务院通过《滨海新区综合配套改革试验方案》，进一步加快了滨海新区制度调整和区域发展的步伐。滨海新区的快速发展，有助于天津市突破单中心的城市空间结构，促进"双城双港"空间结构的成熟。

5.4

地方层面：政府干预与经营城市

城市政府的积极干预就更为直接地改变了城市空间格局。城市政府利用行政、经济杠杆，对城市空间进行积极的干预、控制和引导，显著地改变了空间固有格局，确定了一定时期内城市空间拓展的总体方向。其中，较为关键的调控途径包括城市规划、行政区划、产业调整、交通发展以及各类开发区的建设。

5.4.1　城市规划调控

城市规划是城市理论研究和时代特征的综合体，是一定时期内城市发展与城市空间演变的目标框架。囿于时代背景和知识积累的限制，对于城市规划的认识和编制工作，中国经历了一个长期的曲折探索过程。在历史时期所制订的城市规划，由于受到知识水平的限制，提出的很多设想都没有实现。但从规划实施的效果来看，历次的城市规划对城市空间的拓展都起到了一定的约束和引导作用。

以北京市规划为例，新中国成立 60 多年来，北京市共形成了 6 次总体规划，每次的总体规划都为城市空间的演变产生了不同程度的影响。从城市性质和定位来看，前三次规划与后三次规划有着显著的区别。1953 年的《改建和扩建北京市规划草案要点》，贯彻了"变消费城市为生产城市"的思想，将北京城市性质确定为政治中心、文化中心和经济中心（工业基地），确定了以旧城为中心改建北京城的方案；从当时的时代背景来看，这种快速发展生产的思想是与国际形势和国内现状相联系的，但也为中心区高度的工业化埋下了伏笔。除中心城区以外，朝阳、石景山、丰台、通惠河沿岸工业区逐渐成形，北京从消费性城市向生产性城市快速转变。1958 年的城市总体规划，基本上是参考了大伦敦和莫斯科的相关规划，提出了"子母城"和"分散的、集团式的"布局形式，郊区规划建设若干卫星城，同时也规划出了一环、二环、三环和四环线，以此形成环形和放射状相结合的路网结构，这实际上奠定了北京市当前的基本空间框架。特别是这一次规划提出压缩中心城市规模，将"摊大饼"的发展模式向"分散集团式"的空间模式引导，具有高度的前瞻性。虽然由于种种原因，郊区集团和卫星城发展缓慢，但多中心的格局处于不断孕育之中。到 1973 年再次规划时，北京市已经形成了中心区与边缘集团共存的空间格局。1973 年的规划具有一定的过渡性质，是从 20 世纪 50 年代的"大工业城市"向控制城市规模和"不一定建设经济中心"的一种积极过渡。但 1973 年的规划并未在城市性质和空间发展模式方面做出根本的调整。总的来看，改革开放以前的三次规划，都没有完全抛弃"生产性城市"的思想，工业项目在中心区占用大量土地；当然，在计划经济时期的土地划拨背景下，这种城市性质和用地布局是能够顺利开展的。

改革开放以后，北京又进行了三次规划。1982 年《北京城市建设总体规划方案》的最大贡献在于，实施了城市性质的调整，放弃了经济中心的提法，确立了政治中心和文化中心的性质，特别是强调了政治中心、国际交往中心和历史文化名城。对于工业的发展，规划强调要实现内涵式增长，以高精尖为主要发展方向，减少高污染、高耗能产业。这一版规划凸显了城市环境的重要意义，为中心区工业企业的外迁奠定了基调。1992 年以后，市场经济获得快速发展，城市发展的外部环境发生重大变化，《北京城市总体规划（1991～2010 年）》对政治中心、文化中心、国际交往中心的职能进行了巩固和提升，并对产业发展方向做出了重要调整，确立了微电子、计算机、通信、新材料、生物工程等高技术产业的先导地位，以及高新技术开发区、上地信息产业基地、丰台和昌平科技园、亦庄开发区等重点板块的龙头地位。凸显了第三产业和高技术产业的产业地位，加速了城市产业升级与重组。在城市空间布局方面，延续了"分散集团式"的指导思路，改变人口和产业过于集中的状况，将城市建设重点向远郊转移，赋予卫星城以独立新城的概念，这加快了通州、顺义、亦庄等新城的发展速度，为多中心格局的形成做好了铺垫。《北京城市总体规划（2004～2020年）》是在科学发展观和北京奥运会的大背景下提出的，提出了"国家首都、国际城市、文化名城、宜居城市"的发展定位，确立了"两轴两带多中心"的空间发展模式，将14个卫星城调整为11个边缘新城。扩大了职能中心的范畴，即海淀山后科技创新中心、石景山综合服务中心、顺义空港产业基地和现代制造业基地、通州综合服务中心和亦庄高新技术产业发展中心。总体而言，改革开放以后的三次规划，加快了北京市产业结构高级化的过程，对于工业企业搬迁、中心城区服务业快速发展以及高技术化，都产生了重要的指导意义。另外，多中心的城市空间格局不断得以完善，对于边缘集团的认识也不断加深。

天津市的城市规划之于城市空间，也有类似层面的意义。改革开放以来，天津市出台了1986年、1996年和2005年共三版城市规划，对城市发展发挥了积极的引导作用。天津市源于三岔河口，沿海河两岸集中发展，形成了传统的人口和产业密集带。与之相反的是，滨海地区由于土地盐碱化程度较高，在改革开放初期并没有受到足够的重视，这就形成了介于中心区和滨海地区之间的大面积荒地。海河是天津市的文脉和灵魂之所在，历史时期的经济发展已经使海河成为城市空间演变和布局的核心。1986年的城市总体规划，将天津市定位于"具有先进技术的综合性工业基地，开放型、多功能的经济中心和现代化的港口城市"，提出了"一条扁担挑两头"的空间结构模式，凸显了海河的轴带功能，天津市由单中心向"一主一副"双中心演化。1996年的城市规划将城市性质确定为：环渤海地区的经济中心，现代化港口城市和中国北方重要的经济中心，天津市的经济功能进一步得到肯定；海河中游的贯通作用逐步完善，滨海地区进入快速发展阶段。2005年的总体规划确定天津市的城市性质为：环渤海地区的经济中心，国际港口城市、北方经济中心和生态城市。城市职能为：现代制造和研发转化基地、北方国际航运中心和国际物流中心、区域性综合交通枢纽和现代服务中心等。这实际上确立了新型工业化和现代服务业的龙头地位，将对产业结构和空间布局产生深远影响。另外，在空间结构方面，规划深化了"一条扁担挑两头"的思想，形成了"一轴两带三区"的空间结构和"双城双港"布局，进一步提升了滨海新区的龙头地位，对于双中心城市格局的形成有着显著作用（见图5-7）。

简言之，城市规划对转型期大城市空间结构的演变有着重要的现实意义。城市规划确定了城市性质、定位和职能，对于发展哪些产业，限制哪些产业，做出了明确回答，并上升到法律意义和执行力的层面，对于城市产业结构和布局的演变有着直接的影响；城市空间结构的考量是城市规划的核心内容之一，城市发展格局的展望，将为城市空间的演变塑造基本框架和蓝图，在城市空间的实际演变轨迹中，都会留下相应的痕迹。

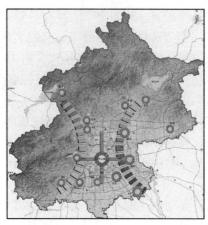

图 5 – 7 京津城市空间结构规划

资料来源:《北京市城市总体规划（2004~2020年)》《天津市城市总体规划（2005~2020年)》。

5.4.2 行政区划调整

行政区划是关于行政地域名称、范围和等级层次的界定，行政区划调整是各级政府完善城市体系、优化空间结构的有效途径。改革开放以来，中国出现了"市带县""撤县设市""撤县设区"等重要阶段，相应地出现了一系列行政区划调整，对社会经济产生重大影响。对于处在转型期的大城市而言，行政区划调整更是谋求发展空间、优化空间结构的重要手段。

对于转型期大城市而言，行政区划的影响主要体现在三个方面：第一，单一的行政区域整合。大城市为获得更多的土地资源，将边缘区其他地市的行政单元进行整体"吞并"，实现了快速增长。但由于行政壁垒、利益分配以及边缘区经济的"塌陷"，特别是行政区划调整和审批的正规化，这种简单的途径已经不太容易出现。第二，区县合并，提升竞争力，缩减行政成本，更为重要的是，这能够加速城市空间的演变和新核心的形成，浦东新区和滨海新区就是两个鲜明的例子。1992年，国家为加快浦东开发，以川沙县全境、原上海县三林乡和黄埔、南市、杨浦三个区的浦东部分，进行整合，设立浦东新区。2009年，国务院通过《关于撤销南汇区建制将原南汇区行政区域划入浦东新区的请示》，撤销上海市南汇区，将其行政区域并入上海市浦东新区。2009年年末，国务院批复同意天津市调整部分行政区划，撤销天津市塘沽区、汉沽区和大港区，设立天津市滨海新区。这种行政区域的合并，并不是简单的单体相加，而是提升了整体的竞争力，形成了城市空间的新极点，加快了城市空间的演变进程。第三，相对于前两种力度很强的区划调整手段，"县改区"则显得较为缓和，这种现象在转型期也最为常见。通过县改区，可以在短时期内扩大城市规模，但这种途径会在一定程度上掩盖"浅度城市化"的真实情况，并不能彻底地解决城乡二元结构问题，有时也会降低郊区县的发展活力。但不可否认的是，通过整县改区，城市规模迅速增长，这成为转型期大城市空间拓展的重要途径之一。

回顾改革开放以来中国大城市行政区划调整的过程（见表 5 - 12），可以看出，在城市空间扩展方面，行政区划确实产生了巨大的推动作用。但作为一种行政区范畴的运作，行政区划具有极大的刚性，且调整空间有一定的限度。另外，行政区划调整之于城市空间结构，只能说是一种先导性的措施，或者说是一种形式上的肯定，真正的空间发展，还是需要空间要素的流动和实体的增长。

表 5 - 12　　　　　　　　　中国直辖市县改区情况

城市	改制前	改制后	年份
北京市	通县	通州区	1997
	顺义县	顺义区	1998
	昌平县	昌平区	1999
	大兴县	大兴区	2001
	怀柔县	怀柔区	2001
	平谷县	平谷区	2001
天津市	武清县	武清区	2000
	宝坻县	宝坻区	2001
上海市	上海县	闵行区	1992
	川沙县	浦东新区	1992
	嘉定县	嘉定区	1992
	金山县	金山区	1997
	松江县	松江区	1998
	青浦县	青浦区	1999
	奉贤县	奉贤区	2001
	南汇县	南汇区	2001
重庆市	黔江县	黔江区	2000
	长寿县	长寿区	2001

资料来源：根据历年来各市行政区划数据整理。

5.4.3　产业政策引导

城市形成的根本原因之一是获取规模效应，而产业则是新时期大城市发展的根基所在，因而产业政策也成为政府引导产业空间布局的有效手段。一般而言，随着区域产业的发展，三次产业的比重将会发生相应的变化，第一、第二产业比重下降，第三产业比重则显著上升，而就业比重也会发生相应的变化，这种变动在大城市更为明显。因此，从整体而言，产业结构高级化是大城市政府追求的重要目标。特别是自改革开放以来，经济发展的活力得到极大释放，政府可以通过投资和产业政策等经济杠杆，引导产业的流动和空间的演变。

以京津为例，改革开放以来，在城市规划和土地利用规划的框架下，每一阶段的城市产业政策都发生相应变化。农业产出的低效，传统工业的高耗能和高污染，都迫使政府出台相应的产业调整规划，结合投资策略（见表5-13），使高技术产业、先进制造业和现代服务业成为大城市的产业发展重点方向，使产业结构、就业结构呈现出不断的演变与高级化态势（见表5-14、表5-15）。最为直观的是，政府在生态环境和持续发展的大背景下，出台一系列产业调整政策，规定优先发展、限制发展和禁止发展的产业，直接地推动城市产业的升级换代，改革开放以来北京市污染扰民企业的搬迁，就是市场经济与产业政策双重作用的结果。可以预见的是，随着产业高级化和专业化分工的不断深入，产业政策的干预作用将会不断加强。

表5-13　　　　　　1978～2008年北京市按产业分全社会固定资产投资　　　单位：亿元

年份	全社会固定资产投资	第一产业	第二产业	第三产业
1978	22.6	1.4	10.8	10.4
1979	26.5	1.0	12.0	13.5
1980	33.2	0.7	15.7	16.8
1981~1985	286.8	5.9	98.1	130.4
1986~1990	724.1	9.4	218.8	384.2
1991~1995	2358.7	15.5	624.1	973.5
1996~2000	5461.7	9.9	914.3	2160.2
2001~2005	10857.4	63.4	1410.6	9383.4
2001	1530.5	8.4	154.2	1367.9
2002	1814.3	7.5	185.0	1621.8
2003	2157.1	21.0	260.7	1875.4
2004	2528.3	14.6	401.0	2112.7
2005	2827.2	11.9	409.7	2405.6
2006	3371.5	14.5	363.2	2993.8
2007	3966.6	16.7	484.1	3465.8
2008	3848.5	25.3	385.6	3437.6

资料来源：《北京市统计年鉴（2009年）》。

表 5 – 14　　　　　　1978～2008 年北京市与天津市三次产业比重　　　　单位：%

年份	北京市			天津市		
	第一产业总值	第二产业总值	第三产业总值	第一产业总值	第二产业总值	第三产业总值
1978	5.15	71.14	23.71	6.09	69.61	24.31
1979	4.33	70.94	24.73	7.03	69.63	23.33
1980	4.39	68.87	26.74	6.31	69.97	23.72
1981	4.74	66.45	28.81	4.80	71.11	24.09
1982	6.65	64.43	28.92	6.13	69.99	23.87
1983	6.99	61.55	31.46	6.16	68.44	25.40
1984	6.83	60.34	32.83	7.54	65.39	27.07
1985	6.92	59.78	33.29	7.37	65.38	27.26
1986	6.70	58.20	35.10	8.48	63.33	28.19
1987	7.44	55.88	36.69	8.92	62.70	28.38
1988	9.04	53.95	37.01	10.09	61.98	27.93
1989	8.44	55.31	36.25	9.47	62.63	27.90
1990	8.77	52.40	38.84	8.79	58.33	32.88
1991	7.65	48.67	43.68	8.54	57.38	34.08
1992	6.92	48.78	44.30	7.36	56.79	35.85
1993	6.06	47.35	46.59	6.57	57.22	36.21
1994	5.89	45.19	48.91	6.35	56.62	37.03
1995	4.87	42.83	52.29	6.52	55.64	37.84
1996	4.19	39.95	55.86	6.03	54.29	39.68
1997	3.65	37.67	58.68	5.50	53.46	41.05
1998	3.23	35.38	61.39	5.39	50.78	43.83
1999	2.88	33.88	63.24	4.74	50.54	44.73
2000	2.49	32.69	64.82	4.33	50.76	44.91
2001	2.18	30.79	67.03	4.10	49.97	45.92
2002	1.94	28.87	69.19	3.92	49.71	46.38
2003	1.79	29.60	68.61	3.49	51.87	44.64
2004	1.58	30.59	67.84	3.38	54.19	42.42
2005	1.42	29.43	69.15	3.04	55.47	41.49
2006	1.13	27.88	70.99	2.38	57.28	40.34
2007	1.08	26.83	72.09	2.18	57.27	40.54
2008	1.08	25.68	73.25	1.93	60.13	37.94

资料来源：①中国统计出版社，《新中国五十五年统计资料汇编》；
　　　　　②北京市与天津市国民经济与社会发展统计公报（2005～2008 年）。

表 5 – 15　　　　　　1978 ~ 2008 年北京市与天津市三次产业就业比重　　　　　单位：%

年份	北京			天津		
	第一产业	第二产业	第三产业	第一产业	第二产业	第三产业
1978	28.35	40.06	31.59	—	—	—
1979	25.80	41.49	32.71	—	—	—
1980	24.37	42.81	32.82	—	—	—
1981	22.90	43.07	34.02	—	—	—
1982	21.51	42.71	35.78	—	—	—
1983	21.21	43.51	35.27	—	—	—
1984	20.01	44.57	35.42	—	—	—
1985	17.76	45.97	36.28	21.74	50.02	28.24
1986	16.78	45.87	37.35	20.58	49.46	29.96
1987	15.91	45.52	38.57	19.98	49.27	30.75
1988	15.13	45.81	39.05	19.60	49.42	30.98
1989	15.32	44.84	39.84	19.90	49.29	30.82
1990	14.46	44.91	40.63	19.91	49.39	30.70
1991	14.32	44.12	41.56	19.96	48.67	31.37
1992	13.01	43.37	43.62	19.04	49.08	31.87
1993	10.37	44.50	45.13	17.69	48.74	33.57
1994	11.02	40.98	48.01	16.69	48.05	35.26
1995	10.61	40.73	48.65	16.09	47.95	35.96
1996	10.98	39.40	49.62	16.04	47.15	36.82
1997	10.83	39.28	49.89	15.84	45.91	38.25
1998	11.49	36.32	52.19	15.92	45.90	38.18
1999	12.04	34.95	53.01	15.67	45.33	39.01
2000	11.77	33.62	54.61	16.69	45.63	37.68
2001	11.32	34.33	54.35	16.93	43.55	39.52
2002	9.95	34.64	55.40	16.70	41.69	41.61
2003	8.92	32.11	58.98	16.28	42.94	40.77
2004	7.20	27.26	65.54	15.69	42.42	41.89
2005	7.08	26.32	66.59	15.08	41.91	43.01
2006	6.56	24.51	68.94	14.41	41.72	43.87
2007	6.46	24.20	69.34	12.54	42.57	44.89
2008	6.42	21.14	72.43	11.79	42.00	46.21

资料来源：①中国统计出版社，《新中国五十五年统计资料汇编》；
　　　　　②北京市与天津市国民经济与社会发展统计公报（2005 ~ 2008 年）。

5.4.4　城市交通扩展

城市交通是城市实体空间的重要组成部分，承载者各种要素的流动和转移。同时，城市交通的扩展，也会显著地作用于城市空间结构，是城市空间演变的催化剂，美国的郊区化就是与私人汽车的发展紧密相关的。这种催化作用对于转型期的大城市，同样有着惊人的效果；特别是私人交通工具和城市交通网络的完善，加快了要素流动和空间扩展的步伐，也在一定程度上加速了郊区化。

一方面，私人交通工具与交通网络相互促进，共同推动着城市空间的发展。根据北京市交通管理局统计资料，1982 年北京市汽车保有量为 13 万辆，而 2009 年年底，这一指标达到 401.9 万辆，其中私人汽车为 300.3 万辆，平均每百户居民拥有 36 辆汽车。私人汽车的发展，增强了居民的空间消费弹性，特别是使居住、就业和消费空间的选择余地显著扩大，催生出郊区的大型居住区和大型购物中心，改变了传统的空间结构模式。

另一方面，交通网络与公共交通工具的发展，对于城市空间结构的演变也有着巨大的推动力。交通网络的完善，不仅仅是改善了出行能力，更为复杂的是，交通线（特别是中心区的交通线）能够显著地影响沿线的租金水平，使同心圆的理想级差地租模式变得不规则。特别是轨道交通的发展，更是能够显著地提升周边地区的租金档次。改革开放以来，北京市道路网络不断完善，尤其是环路和高速的建成，形成了环形和放射状结合的交通网；同时，轨道交通的出现，也改变了公共交通的传统模式。以北京市为例，实际上各条环路已经成为房价的重要分水岭，而地铁也成为居民购房和租房的重要考虑因素（见表 5 - 16）。

表 5 - 16　　　　　　　　　　1978 ~ 2008 年北京市公共交通演变过程

年份	公共交通运营线路长度（公里）	轨道交通	公共交通年末运营车辆（辆）	公共交通客运量（万人次）
1978	1427	24	2743	172559
1979	1469	24	2997	205703
1980	1479	24	3113	236998
1981	1525	24	3375	263944
1982	1678	24	3620	284175
1983	1820	24	3907	302501
1984	1939	40	4221	324437
1985	2312	40	4583	335227
1986	2574	40	4576	328770

年份	公共交通运营线路长度（公里）	轨道交通	公共交通年末运营车辆（辆）	公共交通客运量（万人次）
1987	2382	40	4776	330417
1988	2445	40	4787	337094
1989	2525	40	4890	306435
1990	2654	40	5160	334673
1991	2755	40	5182	344525
1992	3379	42	5223	348770
1993	3532	42	5213	335378
1994	4117	42	5319	353289
1995	4538	42	5367	371579
1996	7317	42	6828	349847
1997	14011	42	10479	391182
1998	14929	42	10819	418825
1999	16566	54	12509	426706
2000	15639	54	14191	406691
2001	13180	54	15420	449720
2002	15835	75	17580	492122
2003	18022	114	19359	426628
2004	19110	114	21711	513876
2005	18328	114	19471	518821
2006	18582	114	20489	468225
2007	17495	142	20525	488138
2008	18057	200	23221	592523

资料来源：《北京市统计年鉴（2009年）》。

5.4.5　开发区极化作用

开发区是改革开放催生的新事物，自1981年国务院批准在沿海开放城市建立经济技术开发区以来，它已经成为高新技术布局、科技产品研发和外资利用的前沿阵地。开发区对产业的吸引、培育和生产，使其具有了显著的极化作用。实际上，随着中国开发开放力度的不断加强，各类开发区已经成为城市空间演变的局部增长极。甚至伴随经济功能的提升，开发区结构不断完善，将会带动行政层面的变动，使城市空间发生内涵和外延上的双重转变。

以北京市为例，开发区已经成为产业集群的生长地和多中心城市空间结构的摇篮。从整体来看，工业呈现向开发区聚集的明显趋势，工业开发区和产业基地在全市经济发展中的作用日益凸显，已逐步成为北京市工业发展的重要载体。2005 年，全市工业开发区和产业基地实现现价工业总产值 3748 亿元，占全市工业总产值的 55.3%。其中电子、机电、汽车、生物医药四大产业的聚集度均在40% 以上，电子信息产业已接近 90%[1]。特别是北京经济技术开发区和中关村科技园区，已经具备了巨大的经济能量，成为重要的职能模块（见表 5 - 17）。随着顺义天竺出口加工区、林河经济开发区经济规模的不断积累，顺义临空经济区的极化效应也将得到显著加强。

表 5 - 17　　　　　　　2008 年北京市开发区土地开发情况　　　　单位：公顷

名称	规划面积	国家批准面积	实际征用面积	施工面积	完工面积
北京经济技术开发区	4650.00	3980.00	4924.00	3891.00	3700.00
中关村科技园区	23238.84	8045.62	7653.99	6593.71	6134.84
中关村科技园区海淀园	13306.00	1799.45	1799.45	1788.77	1483.74
中关村科技园区丰台园	818.00	327.72	327.72	327.72	327.72
中关村科技园区昌平园	1141.00	796.87	796.87	474.92	481.85
中关村科技园区电子城科技园	1680.00	221.01	207.11	75.25	48.68
中关村科技园区亦庄园	2680.00	2680.00	2680.00	2678.00	2678.00
中关村科技园区德胜园	564.00	—	—	—	—
中关村科技园区雍和园	290.30	—	—	—	—
中关村科技园区石景山园	345.00	56.00	56.00	56.00	56.00
中关村科技园区通州园	1451.54	1111.57	970.17	757.27	623.07
大兴生物工程与医药产业基地	963	1053	816.67	435.78	435.78
北京天竺出口加工区	272.60	234.88	234.88	272.60	272.6
北京石龙经济开发区	150.00	110.00	110.00	110.00	110.00
北京良乡经济开发区	240.00	118.03	118.03	118.03	91.85
北京大兴经济开发区	415.99	205.85	205.85	183.48	182.99
北京通州经济开发区	761.96	412.74	412.74	314.55	198.00
北京雁栖经济开发区	1096.00	552.40	552.40	552.40	552.40
北京兴谷经济开发区	978.79	474.29	470.45	293.32	254.92
北京密云经济开发区	1183.11	1183.11	1172.86	659.25	659.25
北京林河经济开发区	416.00	157.00	157.00	157.00	157.00
北京天竺空港经济开发区	812.45	782.23	782.23	430.73	430.73
北京八达岭经济开发区	489.10	322.47	260.01	234.44	234.44

[1]　北京市发改委，《北京市工业发展规划》（2006 ~ 2010 年）。

续表

名称	规划面积	国家批准面积	实际征用面积	施工面积	完工面积
北京永乐经济开发区	459.81	207.30	207.30	82.40	57.60
北京延庆经济开发区	303.53	111.96	11.96	111.96	111.96
北京昌平小汤山工业园区	122.30	122.30	122.30	109.91	104.30
北京采育经济开发区	355.01	300.23	300.23	300.23	300.23
北京房山工业园区	218.52	218.52	218.52	141.90	141.90
北京马坊工业园区	90.48	90.48	90.48	90.48	90.48

资料来源:《北京市统计年鉴 (2009年)》。

　　开发区的发展对于天津市城市空间的演变有着更为特殊的意义。改革开放以来,滨海新区逐渐成长为天津市重要增长极。作为滨海新区的重要功能区,自1991年成立以来,天津港保税区的产值占天津GDP的比重就呈现逐年上升状态,显示出旺盛的活力。这对于滨海新区经济地位的确立,以及最终行政区划的调整,都起到至关重要的推动作用 (见图5-8)。

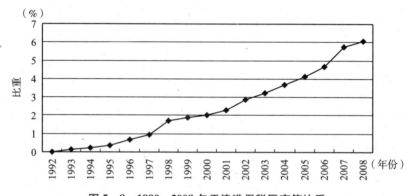

图5-8　1990~2008年天津港保税区产值比重

资料来源:《天津市统计年鉴 (2009年)》及《新中国五十五年统计资料汇编》。

5.5

个体层面:多元主体调节与自组织

　　城市空间结构具有自组织性。城市系统的构成要素,通过千丝万缕的联系,改变着彼此之间的比例关系,塑造着整个系统的面貌。特别是在改革开放以来,随着市场经济的确立,城市中的利益主体呈现多元化趋势,增大了自组织活力和调控作用。企业经营的多样化、个体消费需求的多样性,以及典型事件的极化作用，都是重要的自组织要素。

5.5.1 企业经营多样化

随着城市经济的发展，城市中的企业类型呈现多元化趋势。计划经济时期，利益主体的多元分化受到严格限制，均衡化格局保持稳定。20世纪70年代到90年代初期，国家放松了对农民的控制。而在全面改革开放以来，社会多元化进程加快，突出表现在国家部门和国有企业就业劳动者比重的减少，"一部分人通过诚实劳动与合法经营，先富起来"，形成了差异化的收入格局。各利益主体的群体意识逐渐形成，使社会空间分异程度有所提升。

个体经济的繁荣（见表5-18），民营经济活力的提升，增强了城市产业空间布局的自组织演变进程。民营经济是中国特有的经济概念，伴随改革开放和市场经济的渐进发展而得以复兴。这种多样化对转型期大城市空间的影响主要体现在三个方面：第一，改变了国有企业独大的局面，使原来单位制下的个体可以脱离组织进行单独"创业"（个体经营），这实际上为单位制的转型开辟了一条途径；第二，个体经济的发展，也在一定程度上推动了第三产业的发展，特别是生活用品消费和流通环节的发展；第三，个体经济的发展，在城市中催生出"非正规就业"空间和特殊阶层，这使原有的阶层结构更为复杂化，使城市社会空间结构产生微妙变化，而这种"非正规就业阶层"在计划经济时期是难以想象的。

表5-18　　　　　　1978～2008年北京市社会消费品零售总额　　　　单位：亿元

年份	社会消费零售额	按经济类型分			
		国有经济	集体经济	个体经济	其他经济
1978	44.2	37.2	7.0	—	—
1979	53.3	45.1	8.1	0.1	—
1980	62.8	50.2	12.1	0.4	0.1
1981	70.7	50.0	19.7	0.7	0.3
1982	75.4	52.6	21.8	0.9	0.1
1983	86.4	57.9	27.0	1.4	0.1
1984	105.8	70.4	33.4	1.8	0.2
1985	134.4	82.3	47.2	4.6	0.3
1986	155.0	89.4	53.9	11.2	0.5
1987	188.9	103.8	69.0	15.5	0.5
1988	256.0	141.4	92.3	21.6	0.7
1989	294.8	158.9	101.9	31.1	2.9

年份	社会消费零售额	按经济类型分			
		国有经济	集体经济	个体经济	其他经济
1990	345.1	182.7	122.1	37.8	2.5
1991	408.3	218.9	140.2	46.2	3.0
1992	503.0	269.8	163.3	66.1	3.8
1993	611.2	313.7	186.8	101.4	9.3
1994	766.6	344.0	196.8	175.1	50.7
1995	950.4	388.4	225.7	221.6	114.7
1996	1061.6	361.8	249.7	277.8	172.3
1997	1208.5	423.9	284.9	271.7	228.0
1998	1373.6	396.2	266.0	279.3	432.1
1999	1509.3	501.2	230.8	296.5	480.8
2000	1658.7	524.2	246.1	328.5	559.9
2001	1831.4	517.1	190.0	385.5	738.8
2002	2005.2	491.4	179.7	397.3	936.8
2003	2296.9	538.7	242.1	408.0	1108.1
2004	2626.6	236.0	142.8	459.4	1787.6
2005	2902.8	233.5	143.9	527.8	1997.6
2006	3275.2	243.5	136.6	661.8	2233.3
2007	3800.2	291.9	115.3	720.8	2672.2
2008	4589.0	289.8	142.7	934.2	3222.3

资料来源:《北京市统计年鉴 (2009 年)》。

5.5.2 消费需求多元化

随着市场经济的确立,人们对于生产和生活要素的选择,具有更多的灵活性,不同的个体之间的差异化非常明显。消费需求的多元化,使人们对于空间选择维度和要求都更为复杂。

在计划经济时期,单位承担了微型社会的重要角色,是社会组织和消费需求的基本单元。事实上,在当时的短缺经济和传统观念的双重影响下,人们对于个人消费并没有太多的要求。一般而言,单位就能够解决基本需求,这包括住房、饮食、医疗、教育,甚至娱乐等环节。然而,随着市场化程度的推进,人们对于现代化理念的接受程度呈现爆炸式状态。现代化是发展中国家在经济发展与社会进步的过程中，所表现出来的一种客观现象。改革开放以来，全球化的作用加大，现代化成为城市和城市居民竞相追求的时尚，城市的设施建设，个体的内在观念，都展示出现代化趋势。现代化是一个综合的概念，反映在人们的综合素质、物质生活和精神面貌等多个方面。在城市建设来看，现代化的目标显然不是局限于"楼上楼下、电灯电话"那么简单。现代化的理念深入人心，使人们的价值观念发生重大变化。在计划经济时期，短缺经济和分配制度的共同作用，使人们的需求较为有限，选择的余地也很小，趋同化程度较高。而随着市场经济的完善，人民群众日益增长的物质和文化需求得到满足，人们的观念发生迅速变化。特别是随着人均可支配收入的提升，城镇居民的消费类型也日益多样化。例如，在计划经济时期，汽车被视为一种生产工具，私人汽车保有量相对较小。而随着生活观念的改变，汽车已经成为大城市居民生活必需品。随着闲暇时间的增多，大城市的休闲人群规模逐渐扩大，推动了大城市休闲空间的溢出。另外，随着开发开放的实施，人们有更多的机会接触外来的文化，使得传统的文化空间发生潜移默化的变化（见图 5-9 和图 5-10）。

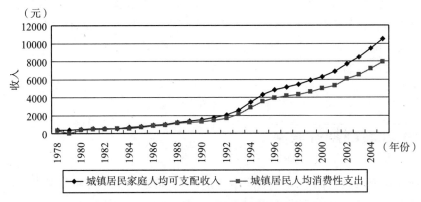

图 5-9　1978~2005 年中国城镇居民消费能力

资料来源：《中国城市（镇）生活与价格年鉴（2006）》。

5.5.3　典型事件的极化

典型的城市事件也会对城市空间结构产生不同程度的极化效应，这包括大型体育事件、典型建筑单体等。特别是改革开放以来，中国与国外交流日益广泛，大城市成为重要国际会议、赛事和组织机构的集中地。对于大城市而言，大型事件的出现，很可能成为城市空间结构演变的一个拐点。

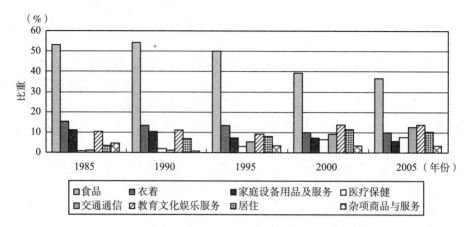

图 5 - 10 1985 ~ 2005 年中国城镇居民消费构成

资料来源:《中国城市(镇)生活与价格年鉴(2006)》。

以北京市为例,奥运会的申办与成功举行,显著地加快了北京市城市发展的步伐,全方位地改变了城市空间面貌。奥林匹克公园的修建,增强了城市中轴线的空间感知。而各个场馆的建设,也改变了周边的小环境,带动了周边产业和建筑的发展。例如,国家体育场的建设,使周边的地价显著提升,酒店业和房地产业获取了发展机遇。

5.6

演变机理的综合框架

城市系统是复杂的,城市空间结构形成与演变的影响因素有很多,作用机制也同样纷繁复杂。转型期大城市空间结构的演变,更是受到外部环境和内部机制的多重作用。因此,认识转型期大城市空间结构的演变机理,需要一种系统化的视角。换言之,确定一种合适的标准,将相关要素进行分离和归类,无疑会提高对演变机理认识的科学性和全面性。尺度是地理学研究的核心视角之一,也是理解转型期大城市空间结构演变机理的有效方法。从最基本的宏观、中观和微观视角,可以将演变机理分解为全球层面、国家层面、区域层面、地方层面和个体层面。结合北京和天津城市空间演变过程来看,这五种层面的影响因素都起到了一定的作用:宏观层面的因素塑造了城市发展的外部环境,形成了深层机制,约束引导着城市空间调整的运行轨迹;中观层面的因素主要得益于地方政府的积极干预和经营管理,最为直观地改变着城市的外部形态和产业布局；微观层面的因素来自个体的自组织作用，随着民营经济的发展，以及城市对外开放程度的日趋加深，个体的自组织调节能力不断强化（见图 5 - 11）。

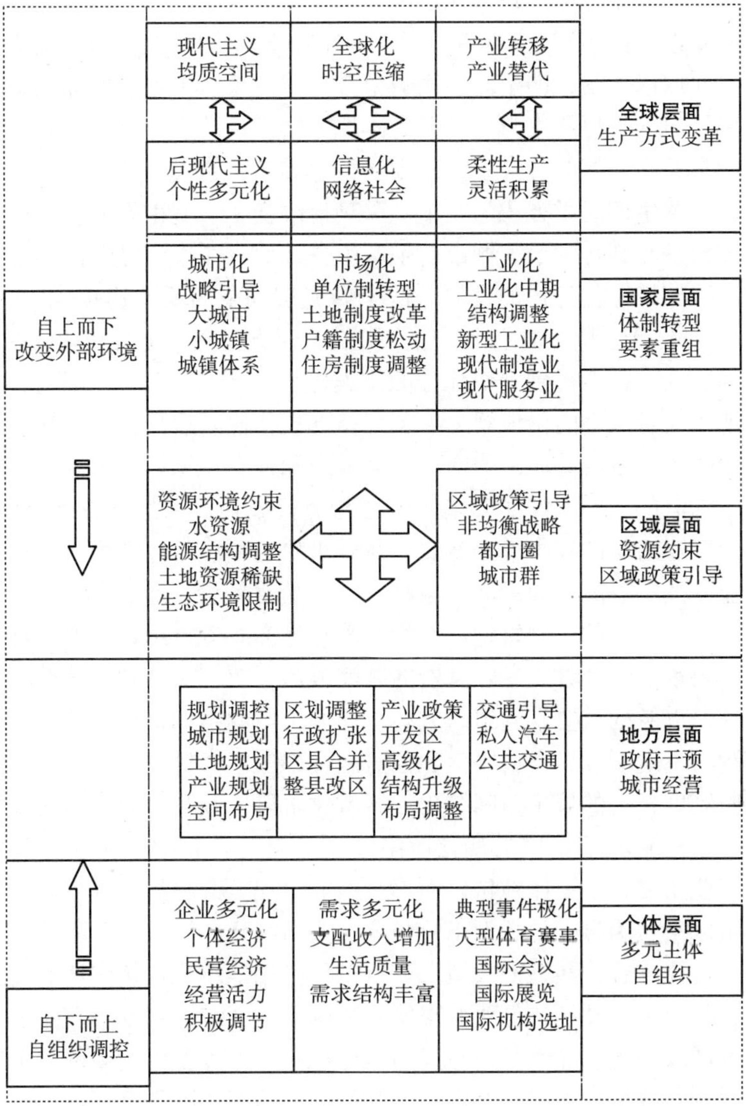

图 5 - 11　转型期大城市空间结构演变机理的基本分析框架

5.7

本章小结

本章以尺度为划分标准，以北京市和天津市为主要案例，对转型期大城市空间结构影响要素和作用机理的探究。具体来讲，从空间尺度和影响范围来看，可以从五个方面加以解读，即全球层面的生产方式变革、国家层面体制转型与要素重组、区域层面的资源约束与区域发展、地方层面的政府干预与经营城市，以及个体层面的多元主体调节与自组织。主要结论如下：

第一，全球生产组织方式的变革，深刻地改变了大城市发展的外部环境。全球层面的要素参与到每一个大城市的生产中去，而大城市也已经离不开这种外部要素的导入和支持。信息化的发展，使全球城市和空间要素连接成为一个整体，这使"空间"的概念趋于抽象化，生产的供给双方建立了更为密切的联系。任何一个环节的变动，都会得到其他部分的快速响应。现代主义和"后现代"主义，潜移默化地改变着人们的价值观念，各种体现现代性与后现代性的物质形态，侵入城市空间之中，改变着城市的内在社会意识和外在形态风貌。随着资本流动的加快和技术扩散的加剧，产业升级、转移与替代成为区域经济发展的必然趋势，大城市作为产业组织的核心，必然要对此做出快速响应。柔性生产正逐渐影响着传统制造业的发展模式，而灵活积累则使"消费性社会"加速到来。

第二，国家层面的体制转型、制度改革和生产要素重组，改变了计划经济时期城市空间要素的组合方式。转型期的制度改革，改变了计划经济时期积淀的社会组织模式，以及构成要素的组织方式，使城市空间结构产生变革。改革开放以后，单位制、土地制度、户籍制度和住房制度都发生了较大的变革，这就改变了建构在这些制度之上的城市空间结构。城市化阶段性政策导向，显著影响着城市规模、城市结构和城市性质的变化。中国正处于工业化中期阶段。改革开放以来，第二产业始终处于主体地位，而第三产业呈现上升趋势，这一趋势在全面改革开放实施以来尤为显著，新型工业化、产业高级化和第三产业发展成为转型期产业升级的主体内容，转型期大城市产业布局与用地结构也相应地发展转变。

第三，区域资源环境条件对城市发展和城市空间结构演变有着重要的约束作用，重大区域政策也引导着城市空间的运行模式。随着城市规模的扩大，人口数量的增加和企业数量的扩张，城市对资源的需求程度不断提升。然而，城市本身的资源条件和区域输入规模在一定时期内是有限的，这样就对城市的发展形成了资源"紧约束"，从而限制城市发展和空间的扩张，或者迫使城市管理者在资源约束条件下，进行产业升级和城市更新。区域的发展进程能够极大地影响中心城市的空间演变和产业调整，特别是国家重大区域政策，能够对城市空间演变起到重要的诱导作用。

第四，城市政府利用行政、经济杠杆，对城市空间进行积极的干预、控制和引导，显著地改变了空间固有格局，确定了一定时期内城市空间拓展的总体方向。城市规划是城市理论研究和时代特征的综合体，是一定时期内城市发展与城市空间演变的目标框架，对城市空间的拓展都起到了一定的约束和引导作用。改革开放以来的"市带县""撤县设市""撤县设区"等重要阶段，对城市空间调整产生重大影响，在短时间内改变了城市的行政范围和经济规模。经济发展的活力得到极大释放，政府可以通过投资和产业政策等经济杠杆，引导产业的流动和空间的演变。私人交通工具和城市交通网络的完善，加快了要素流动和空间扩展的步伐，也在一定程度上加速了郊区化的进程。随着中国开发开放力度的不断加强，各类开发区已经成为城市空间演变的局部增长极。甚至伴随经济功能的提升，开发区结构不断完善，将会带动行政层面的变动，使城市空间发生内涵和外延上的双重转变。

第五，随着市场经济的确立，城市中的利益主体呈现多元化趋势，增大了自组织活力和调控作用。城市中的企业类型呈现多元化趋势，客观上促进了社会空间分异。消费需求的多元化，使人们对于空间选择维度和要求都更为复杂。典型的城市事件也会对城市空间结构产生不同程度的极化效应，加快局部或带动城市整体的跃迁，甚至成为城市空间演变的重要拐点。

第 **6** 章

转型期大城市空间结构调控对策

如同我们看到的，在过去5000年间，城市经历了许多的变化，毫无疑问，今后还要经历更大的变化。但是，迫切需要的革新并不是物质设备方面的扩大和完善，更不在增加自动化电子装置来把剩余的文化机构疏散到无一定形式的郊区遗骸中去。正相反，只有通过把艺术和思想应用到城市的主要的人类利益上去，对包容万物生命的宇宙和生态的进程有一新的献身精神，才能有显著的改善。

我们必须使城市恢复母亲般的养育生命的功能，独立自主的活动，共生共栖的联合，这些很久以来都被遗忘或被抑止了。因为城市应当是一个爱的器官，而城市最好的经济模式应是关怀人和陶冶人。

——刘易斯·芒福德

城市是文明的集中地，人类的庇护所，也是科技进步和社会经济发展的前沿阵地，更是我们整个社会进步的重要动力源。自工业革命以来，城市的成长轨迹产生显著变化，城市化速度也呈现加速状态。展望未来，在我们地球上60亿人口的大家庭中，将会有更多的人群加入城市人口的洪流。城市的健康与可持续发展，是身处每个历史阶段的人们所共同关心的话题。结构决定功能，布局影响性质，城市空间结构是城市协调发展的核心环节；相应地，城市空间结构的优化与调控，则是城市问题的重要抓手。换言之，空间结构的调控是其研究的出发点和最终归宿。

6.1
理想城市空间的价值取向

理想的城市空间是每个时期人们共同关心的话题。不论是欧文的和谐村，还是各类规划中的美好蓝图，反映出人们对于理想城市空间的不同理解和执着追求。如何判断城市空间的价值标准？考虑到人在城市系统中的核心地位，就应当毋庸置疑地将标准回归到人类自身。《雅典宪章》认为城市的四大功能包括居住、工作、游憩和交通，而理想的城市空间应该是生活的、生产的、生态的、本土的和公平的，或者说是宜居的、高效的、优美的、历史的和正义的。

6.1.1　辩证乌托邦

城市是人类的居所，抛开政治、经济、文化等功能，宜居是大城市空间的首要取向。这包括三个方面的含义：第一，居者有其屋。收入的差异和社会地位的不同，势必会引起居住选择能力的高下，然而，就任何一类阶层而言，安身之所是必需的条件。第二，良好的环境。尤其是自然生态环境，通过空间的综合整治，获取宜人的空间。第三，发展的机会。当前很多人选择大城市的首要原因，就是发展机遇众多和前景看好。当然，三个条件的综合与乌托邦有类似之处，在现实情况下，可以谓之为理想，构建辩证乌托邦。

6.1.2　规模集聚效应

大城市发展的根本目的，就在于通过要素集聚，实现规模集聚效应，降低生产成本，获得额外收益。因此，理想空间应该拥有高度的集聚要素，能够成为区域生产组织的核心，技术研发的中心，科技创新的中心，经济的中心，甚至能够在国家或全球层面上拥有话语权。

6.1.3　低碳城市

低碳城市是后京都议定书时代的必然选择，这也是一个两难的过程。一方面，由于大城市对于资源需求具有持续性和高量值性，能源的消耗随城市规模的增长而显示出惊人的规模。能值的调节，与产业结构的优化是同一过程，需要综合协调与整体控制。另一方面，低碳的标准也是一个多方博弈的过程，由于个体利益的考虑，很难达成一致的目标。但从大城市发展的趋向来看，低碳城市是对于自然生态保护的重要标准。

6.1.4　城市记忆

城市是需要记忆的。在全球化影响日益广泛的今天，本土化的城市风貌弥足珍贵。实际上，城市风貌保护与现代化建筑的引入并不矛盾。通过合理的城市规划和街区保护规划，可以实现两者的土洋结合，相得益彰。保存过去的冲动是保存自我之冲动的一部分。认识不到我们处于何处，就很难知道我们将去何方。过去是个人和集体身份的基础，来自过去的物品是文化象征物之意味的来源。过去与现在之间的连续性在偶然的混乱之外造成了一种连续感，既然变化是不可避免的，因而一个有序的意义的稳定系统就能使我们应付创新与衰退。怀旧的冲动是适应危机的一种重要力量，当信心被削弱或受到威胁时，它就是一种社会润滑剂，能使民族的身份得以加强。

6.1.5 人文关怀

市场经济的逐步推进，使个人收入和生活条件差异成为不争的事实。社会阶层多样化，异质性程度提高，外来人口和流动人口逐渐成为城市的重要组成部分。在特殊的转型时期，立足城市空间的公平与正义，通过有效的社会治理，能体现人文关怀。

6.1.6 和谐共生

城市是人类改造自然界最为直观的一种象征，人工环境与第二自然使人们的生活质量与自主性显著改善。然而，正如历史唯物主义所讲的那样，社会发展有着内在的客观规律性，城市的形成、发展和演变，也要依循一定的规律。这也正如老子所言的"道"，是自然界和人类社会发展过程中所蕴涵的客观规律。回归到城市的层面来看，城市的发展与空间的演变，都必须与自然环境保持和谐共生，才能获取持续增长的动力。"天覆地载，物数号万，而事亦因之，曲成而不遗。岂人力也哉？"空间的拓展、规模的提升以及产业的布局，无一不是要依循这一客观规律。

6.2
城市空间的内在诉求与时代困境

城市空间的内在诉求与转型期的时代特征之间，存在着微妙的平衡和潜在的矛盾。这是由目标的直接性与语境的复杂性共同决定的。

6.2.1 转型期改革与二元结构

改革开放以来，中国在"摸着石头过河"的创新性探索基础上，兼顾了社会稳定和经济发展，以及改革的顺利实施，这充分证明了转型本身的有效性和正确性。但是从目前来看，二元结构的痕迹还有所存留。这包括两个层面的含义。一方面，就是计划经济与市场经济的并存。计划经济要素特征还有所存留，市场经济的完全放活还有待于进一步完善。另一方面，是指在城市结构、土地类型等方面，都还存在着二元结构，及城乡二元结构、土地国有与集体所有制的矛盾冲突。

6.2.2 快速城市化与城市蔓延

快速城市化是中国城市化所处的现实阶段，也是中国实现经济发展与社会转型的必然之路。另外，考虑到巨大的人口基数以及农业人口比重，城市化的进程还需要继续加强。然而，当前的快速城市化与城市蔓延是伴生发展的。城市蔓延造成了土地利用的低效、城市化质量的虚浮以及资源环境的破坏。从北京当前的发展现状来看，城市边缘区土地利用类型变动剧烈，土地市场和交易还有待规范。城市蔓延也催生出半城市化这一特殊区域，土地利用效率较低，影响了城市土地资源配置的整体结构。

6.2.3 设施现代化与形态趋同

随着大城市的发展和现代化进程的推进，城市的现代化内涵将得到极大化展示。现代建筑和空间的引入，逐渐地改变了城市的固有风貌，甚至侵占了传统历史文化符号的空间，造成了城市形态的趋同，这种"千城一面"的不良倾向应该引起深思与重视。如何处理好现代化与本土化之间的冲突，是保持、发展并创新中国传统大城市空间结构的重要问题。

6.2.4 产业高级化与刚性约束

通过前面研究，大城市产业结构高级化趋势非常明显，这集中体现在第三产业的快速发展及其就业比重的显著增加，以及从产业细分的角度所显示出的增长态势和旺盛的生命力。但这种产业高级化的过程受到刚性要素的制约，这主要来自三个方面：第一，由于计划经济时代所形成的产业结构，具有一定的惯性特征，这就使结构调整不可能一步到位，特别是考虑到从业人员的调整、社会结构的稳定，结构的调整更是需要一个长期的过程。第二，历史时期形成的产业空间布局具有一定的稳定性，空间的调整势必会改变原有的组织结构，影响既得利益的分配模式。如传统老工业企业的外迁，会造成所在地区税收的降低，就业率的下降等，在首钢搬迁的过程中，这些问题都有所显现。因此，空间布局的调整注定是一个多方博弈的过程。第三，产业高级化以及大城市经济的发展，受到资源环境承载力的刚性约束，特别是土地资源、水资源和能源动力的硬约束。这就决定了大城市产业的进一步发展不能永远局限于自身的框框里，而应从更大的尺度去考虑发展问题。

6.2.5 空间异质性与阶层分化

空间异质性程度的提升，是转型期大城市空间结构变化的显著特征。一方面是景观生态与土地利用类型在空间上的破碎化，另一方面是社会空间异质性的提升。特别是随着单位制社会组织模式的淡出，社区模式的引入，这种异质性程度得到进一步加强。在这种背景下，阶层类型趋于复杂化，原有的"两个阶级一个阶层"不能涵盖新时期的阶层特征。随着阶层分化与复杂化，社会治理、人文关怀与空间公平，都将成为棘手的议题。

6.2.6 多中心诉求与中心极化

从城市发展的未来趋势和现实需求来看，多中心无疑是一种理想的模式。通过多中心空间结构的构筑，缓解中心城市的人口、就业、居住和生活压力，特别是克服单中心造成的城市蔓延和交通拥挤。然而，现实与理想存在偏差。一方面，中心城市的规模集聚效应还处于提升之中，相比于国外的大都市而言，目前国内大城市的集聚规模还有很大潜力可挖；另一方面，在经过了几十年的探索之后，多中心的格局还处于理想状态，或者说边缘集团没有达到足够的规模。

6.2.7 区域一体化与行政壁垒

大城市的发展及空间结构的扩展，需要更多的资源条件和承载空间，这些都迫切需要大城市与外部区域建立更为广阔的联系。但是由于行政壁垒的限制，特别是"行政区经济"在其中作怪，区域一体化的实施总是遇到这样那样的困难。毫无疑问的是，在空间稀缺和产业升级的大气候下，大城市某些传统产业已经丧失了竞争能力（或者当区位改变时，能重新获得），这就使其不得不进行战略转移。而郊区的发展空间有限，城市蔓延又可能造成二次搬迁，使其蒙受更大的损失。与此同时，周边的地市，迫切需要与大城市建立合作关系，从大城市的产业扩散与外溢中，获得产业支持。在两方的需求作用之下，区域一体化和行政区经济的破碎是必然的趋势。

6.2.8　空间扩散与外溢不经济

大城市高额的地价和激烈的竞争，形成了两类人群，都希望逃离中心城市，到外部获取生活空间。一类人是中低收入阶层，面临高额的房价，不得不选择远处的现实乌托邦，通过或租或贷的方式，得到相对廉价的居住空间。而与之相对的是另一类人，即高收入阶层，这类人群拥有不菲的收入，但平时要面临巨大的工作压力和激烈的竞争，希望能够获得一块心灵的净土，能够逃离现实的环境。这类人群拥有良好的交通工具，能够到郊区（县）选择环境优美的低密度住宅。这种旺盛的大城市房地产市场需求，催生了大城市毗邻小城镇房地产业的快速涌动，房地产业也成为这些区域的支柱产业。然而，在这种供需互动的作用下，居住空间外溢的不经济性是难以避免的，如土地资源的闲置与浪费、耕地非农化的显著提升，以及职住分离等问题。

6.3

大城市空间结构调控对策

立足转型期的特殊背景，基于转型期城市空间的时代困境和理想空间的价值取向，针对大城市空间结构演变过程中凸显的现实问题，提出转型期大城市空间结构的调控对策。

6.3.1　制度层面：制度改革与城市区域化

在保障社会稳定与经济发展的同时，将转型推向深入。加快制度改革，削弱或解除城市发展、城市空间扩张的体制性障碍。特别是要完善土地使用制度，明确土地权属，理清内部关系，保障城市用地的持续发展。

通过城市联盟的设立，与周边地市形成互动的城市网络，实现产业的合理分工与布局，以及资源的优化配置。从区域的整体角度，把握城市居住空间外溢的发展过程，理性发展边缘区房地产业，保障增长的可持续性。

6.3.2　要素层面：土地集约利用与产业结构优化

通过空间管治的实施，明确各类空间的地域范围、开发强度与注意事项，做到开发建设与生态环境的协调。通过土地整理、严格执法、实时监控、绿带设置等措施，实施精明增长战略；提升放射状交通线的疏导功能，缓解环状道路对"摊大饼"的推动效应。协调各类用地的比例构成，尤其是要做好耕地与建设用地的规模控制。坚决杜绝土地闲置的情况发生，加快流转，实现土地增值。依托现有的城市地下空间，进行空间整治，提高空间的开发利用档次，促进空间功能的多样化，为中心城区营造发展空间。做好地下空间与地上空间的联系，形成连片开发和协同发展。学习借鉴国外（如加拿大蒙特利尔）地下空间的先进开发模式，进行地下空间开发的模式创新。

进一步优化产业结构，推动农业产业多样化，因地制宜发展都市农业与休闲农业，丰富农业产业功能。加快城区工业产业结构升级步伐，用新型工业化的思路改造现有产业，扶持先进制造业等高附加值的业态类型。做好污染企业与低效工业企业的外迁，通过土地置换为企业赢得发展资金。巩固并继续提升第三产业的龙头地位，特别是扶持新兴产业，如创意文化产业、生产性服务业。

6.3.3　规划层面：空间规划与城市形态本土化

完善城市规划要素，关注社会空间、生态空间和文化空间等领域，使城市规划的内容更全面。走出二维城市规划的限制，借助城市地理信息系统等先进手段，进行立体城市规划和开发。不仅对城市中心区进行专门规划，还要对边缘区和局部重要地区投以重点关注。特别是要将城市规划扩展到城乡规划这一更高的范畴，立足城市区域化的视角，在更大的空间范围内寻找城市所需要的答案。

做好城市形态本土化保护工作。通过专门的调查和详细规划，划定特定的保护对象，做好历史风貌保护和街区整理，使新的建筑与周边环境保持协调。确定中心区或历史街区的高度控制，营造良好的城市天际线。尽量保护好城市的历史轴线和城市纹理，留存城市的历史记忆。

6.3.4　结构层面：非均衡多中心城市结构

构建非均衡多中心城市空间结构。北京市的多中心城市空间结构的提出，可以追溯到新中国成立初期。然而，经过几十年的发展，还没有形成真正意义上的次中心，这主要是由于两个方面的原因造成的：第一，没有形成完善的分工体系，中心城区的要素分离还有待推进，为郊区的发展提供更多的资源支持；第二，郊区卫星城的发展，对于产业的依赖性程度过高，过于集中于单一领域，没有形成综合的经济实力。这种单中心城市空间结构的长期存在，助长了"摊大饼"发展模式的不断扩张，随之而来的是中心城区房价高涨、交通拥挤和环境恶化，增长空间受到极大限制，而且对于后续的空间结构调整造成了不良影响。

改变均衡式多中心发展的固有模式，借助行政和经济途径，扶持郊区副中心发展，形成有效的"反磁力系统"，达到缓解中心城区人口、就业、交通压力的根本目的。具体来讲，可以通过行政渠道，提升某一（或某几个）副中心的行政地位，或通过中心城区办公资源外迁的方式，提升副中心的知名度；也可以通过宏观产业布局和产业结构调整，提升产业竞争力，奠定经济基础。

6.3.5 社会层面：社会治理与人文关怀

通过一系列有效措施，进行社会治理，达到人文关怀的目的，实现城市空间的基本公平。关注外来人口、流动人口和低收入人群，结合"城中村"整治、廉租房建设等环节，提升外来人口的社会地位和生活质量。

6.4

空间调控的综合框架

理想城市空间是各个时代人们共同关注的话题和梦想。尤为甚者，在工业革命的火种迅速蔓延，攻城拔寨，以机器大工业的齿轮和前所未有的强度征服自然，塑造钢铁和水泥森林的时候，人类生活的自主性和幸福度受到挑战。乌托邦成为几个时代共同的话题，霍华德的田园城市也期待"乡村人能够有城里人的便利，城里人能够享受到乡村的自然风光"，这似乎是一种现实的"围城"。找寻理想与现实的最佳结合点，就能够趋近于城市空间问题的真相。

环顾当前的发展实际，可以有效地追求"辩证乌托邦"，从规模集聚效应、低碳城市、城市记忆、人文关怀与和谐共生这几个维度，把握从"乌托邦"向"辩证乌托邦"的理性回归。毫无疑问，大城市是中国当前和今后一段时期内城市建设的重心所在；同时，城市空间方面的诉求也具有多层内涵，如转型期改革、快速城市化、设施现代化、产业高级化、空间异质性、多中心化、城市区域一体化以及空间扩散与外溢。然而，转型期的特殊背景在某种程度上成为这些内在诉求的时代困境。在理想价值取向和时代困境的双重博弈下，需要从制度改革、非均衡多中心城市结构等方面寻找最为适合的答案（见图 6-1）。

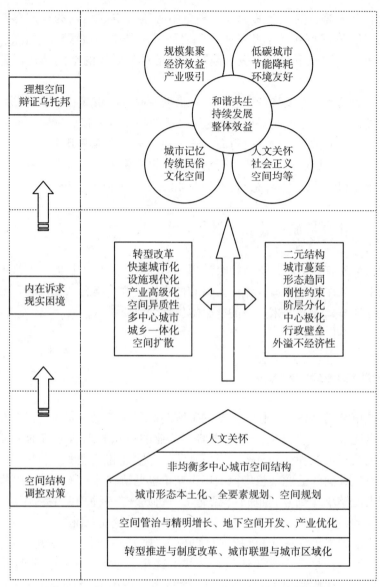

图 6–1　转型期大城市空间结构优化调控的基本分析框架

6.5

本章小结

　　结构决定功能，布局影响性质，城市空间结构是城市协调发展的核心环节；相应地，城市空间结构的优化与调控，则是城市问题的重要抓手。本章在前面理论分析和实证探索的基础上，总结了理想城市空间的价值取向，探讨了城市空间结构的内在诉求和时代困境，最后就转型期大城市面临的现实问题，提出针对性的调控对策。本章主要结论如下：

第一，理想城市空间是城市空间调控的"辩证乌托邦"，是生产的、生态的、本土的、生活的、公平的与和谐的。要素集聚与规模经济是大城市发展的根本动力，低碳城市是新时期城市发展的必然选择，城市记忆是每座城市宝贵的精神家园，人文关怀是大城市和谐稳定的坚实基础，与自然的和谐共生更是任何时空城市的终极目标。

第二，转型期特殊语境，使城市空间的内在诉求与时代困境构成一对现实的矛盾，制约着城市发展与空间优化的进程。二元结构的痕迹还有所存留，计划经济与市场经济的并存，城市结构、土地类型等方面，都还存在着二元结构，及城乡二元结构、土地国有与集体所有制的矛盾冲突。城市蔓延造成了土地利用的低效、城市化质量的虚浮以及资源环境的破坏。现代建筑和空间的引入，逐渐地改变了城市的固有风貌，甚至侵占了传统历史文化符号的空间，造成了城市形态的趋同。产业高级化的过程受到刚性要素的制约，包括计划经济时代所形成的产业惯性、历史时期布局的稳定性以及资源环境承载力。景观破碎化与社会空间分异，加大了土地管理和社会治理的复杂性。多中心大城市还有待完善，中心城市的规模集聚效应还处于提升之中，边缘集团的"反磁力"作用有待加强。城市区域化与区域一体化受到行政壁垒的制约，空间扩散存在外部不经济性。

第三，转型期大城市空间结构的优化调控对策应涵盖制度改革、土地集约与产业结构优化、城市规划调控，以及社会治理和人文关怀。体制改革是城市发展与空间优化的根本动力，消除体制性障碍和行政壁垒，创造内在发展动力，构建城乡一体化的区域格局。土地与产业的合理化是空间调整的重要基础，通过空间管治和精明增长，地下空间整治与开发，提升土地利用集约度，拓展发展空间；优化产业结构，推进大城市产业高级化进程。完善城市规划体系，突破传统的规划维度，加强全要素规划和空间规划，推进城市形态本土化。通过专业化分工和要素规模集聚，强化边缘集团的"反磁力"作用，形成非均衡多中心城市空间结构，有效缓解单中心空间模式的压力。加强社会治理与人文关怀，保障大城市社会稳定与可持续发展。

第 7 章

结论与展望

　　用象征性符号储存事物的方法发展之后，城市作为容器的能力自然就极大地增强了：它不仅较其他任何形式的社区都更多地聚集了人口和机构、制度，它保存和留传文化的数量还超过了一个个人靠脑记口传所能担负的数量。这种为着在时间上或空间上扩大社区边界的浓缩作用和储存作用，便是城市所发挥的独特功能之一……爱默生讲得很对，城市"是靠记忆而存在的"。

　　城市最终的任务是促进人们自觉地参加宇宙和历史的进程。城市，通过它自身复杂和持久的结构，城市大大地扩大了人们解释这些进程的能力并积极参加来发展这些进程，以便城市舞台上上演的每台戏剧，都具有最高程度的思想上的光辉，明确的目标和爱的色彩。它将成为城市连续存在的主要理由。

——刘易斯·芒福德

7.1

主要结论

　　城市空间的形成、发展与演变，是探讨城市问题的重要出发点。转型期的时代背景，是当前城市空间结构研究的基本语境。改革开放以来，随着市场经济体制的逐步完善，土地制度、户籍制度、住房制度和分配体制比之计划经济时期发生深刻变革，大城市发展的外部环境和内部要素都表现出独特的阶段性特征。相应地，大城市空间结构在这一时期的演变速度空前提升，催生出一系列城市问题。

　　转型期是城市空间研究的重要语境，转型期大城市空间结构演变机理与调控举措是城市研究的重要领域，也是当前城市发展与城市规划亟须探索的重要问题。把握转型期这一历史情境，解构城市空间结构的深刻内涵，揭示城市空间结构的演变特征与机制，进而对城市空间的优化调控进行深刻反思和理性回归，是明确中国转型期和未来大城市发展方向的重要途径。

　　本书着眼于中国改革开放以来的特殊转型时期，以中国具有代表性的若干大城市为研究对象，从地理学、经济学、建筑学、社会学、历史学等角度对转型期大城市空间结构演变特征进行详细探讨，明确演变机制，探讨存在的问题。在此基础之上，提出具有针对性的空间结构调控策略。本书通过研究，得出以下五个方面的主要结论：

　　第一，转型期是当前城市空间结构研究的重要语境，城市空间结构可以用"双层次、四维度、七要素"模型来加以概括。

　　城市空间结构是在城市所辖范围内，城市自然生态、人工环境与社会经济文化要素相互耦合，形成并不断演变的，具有一定秩序的四维有机整体和过程；以及这一整体，借助交通和信息渠道，通过经济联系和空间外溢，与城市外部区域所发生的物质和能量交换过程。

　　城市空间结构可以概括为"双层次四维度七要素"。所谓双层次，即城市空间结构的研究应包含城市内部结构以及城市空间与外界的联系两个层次，这样才能够较为全面地反映城市空间结构的本来面貌。"四维度"是指在三维空间上，累加时间维，即城市空间的形成和演变，是三维空间在时间维度上的推移。"七要素"对城市空间要素的概括与凝练，即生态空间、实体空间、经济空间、社会空间、文化空间、虚拟空间及围合空间。

　　第二，转型期大城市内部空间重组与分异进程显著加快，生态空间、实体空间、经济空间、社会空间、文化空间、虚拟空间和围合空间的演变都显示出鲜明的转型期时代特征。

　　物质实体与城市形态规模扩张，呈现出明显的破碎化与异质性特征。绿地系统呈现总量扩张趋势，但绿地资源破碎化程度加剧，"孤岛化"现象较为严重。缺乏楔形绿地，中心区与郊野绿地系统联系较少。影响了绿地系统的完整性，加剧了大城市局部地区的"热岛效应"。绿地系统的私有化现象也广泛存在。水网体系受人口规模和城市经济的影响，出现局部消退现象，大城市水网呈现沟渠化不良倾向，缺乏自然交换与亲水空间。

　　大城市建筑空间呈现趋同化倾向，需要本土化风貌的理性回归。改革开放以后，北京市传统的建筑空间与风格发生急剧改变。城市建筑逐渐失去个性风格，出现趋同化的倾向。随着内城历史街区的改造，传统老宅院建筑的拆除，胡同的整理，特别是新型建筑的引入，逐渐改变了内城传统的轴向纹理。使城市纹理整体上趋于复杂化，异质性程度不断提升。另外，由于个别单体建筑的调节作用，使原来刚直的纹理变得"柔性化"，这体现出建筑风格对城市纹理的调控作用。改革开放以后，随着现代建筑的日益增多，北京市建筑标高快速攀升，城市天际线发生显著变化，甚至内城的传统天际线也逐渐被改变。但是由于建筑之间的分割较远，还没有形成具有代表性的连片建筑群和完整的城市天际线。

景观异质性程度显著提升，城市扩张速度加快，伴生城市蔓延，圈层化结构明显。改革开放以来，北京市城市建设用地扩展迅速，尤其是 1992 年以后，这种扩展的速度进一步提升，反映出城市建设的加速发展，景观多样化程度不断提高，优势度降低；中心城区、郊区城镇与主要交通沿线的发展，呈现出不同的格局。中心城区的"摊大饼"蔓延式发展，伴随着边缘区土地利用的低密度开发与浪费；郊区城镇扩展速度较慢，无论是"分散集团"，还是"多中心"，都没有发展到规划预期的效果；另外，沿交通线的轴向扩展也非常直观，特别是出城高速的引导作用非常突出；随着边缘区及外部空间的发展，景观破碎化程度加剧，紧凑度弱化。市辖区面积都出现了显著增长。城市土地利用率不断提升；农用地比重先降后升，显示出土地利用调控政策的有效性；土地垦殖率呈现下降状态，耕地非农化程度令人担忧；建设用地比重有所增加，映射出城市大规模扩展的过程；有林地面积有所增加，反映出城市绿化的实效性。用地增长的速度远高于人口增长的速度；这反映出土地增长速度过快，而人口的集聚又赶不上城市建设的步伐。在土地低效扩张的同时，城市土地闲置也客观存在。耕地面积缩减较为显著，居民点和独立工矿用地有所增加。土地利用熵值呈现上升趋势。土地利用的动态变化，也呈现出一定的圈层特征。中心区开发密度较大，已接近饱和，类型变动较小；近郊区在经过 20 世纪快速发展以后，用地类型的变化趋于平缓；而相比之下，远郊区土地利用类型变动剧烈，反映出较强的动态性。密云和延庆两县的变动相对较小。这显示出土地开发的梯度推移特性，随着中心区土地资源的紧缺，远郊区县成为土地开发的新选择。

产业结构不断优化，第三产业仍有较大成长空间。京津两市的第二产业和第三产业在改革开放以来，发生了快速跃迁，在国民经济中的比重迅速提升。1978 ~ 2008 年，出现一次拐点。而在 1990 年以后，京津两市的产业结构熵值逐渐降低，主要是由于第三产业的快速发展所致。第一产业偏离度处于负值状态，劳动力过剩，产业结构急需进一步调整。第二产业的偏离度呈现"U"形结构，1978 年以来偏离度缓慢下降，进入 21 世纪以后出现回升，这与大城市工业结构升级是密切相关的。改革开放以来，第三产业对于大城市经济贡献呈现上升趋势，产业结构从"二三一"逐步进入"三二一"的良性轨道，第三产业还拥有巨大的上升空间。第三产业是转型期大城市产业结构优化和经济空间重构最为重要的决定因素。确立、巩固并提升第三产业的整体规模，优化第三产业内部结构，是优化提升大城市经济空间结构的重要途径。由于内城重组和产业扩散的综合作用，北京市分圈层产业结构表现出明显的"去中心化"趋势。第三产业已经确立了主导地位，而其中的生产性服务业更是具备较高的比较优势。

产业布局模式发展变迁，传统产业空间重组，新产业空间逐渐形成。改革开放以来，随着第二产业和第三产业的迅速崛起，北京市农业在城市生产总值中的比重呈现下降态势。从农业本身的发展来看，主要呈现出三个特点，即空间缩减、构成多元化和形式多样化。工业的发展受政策的影响较为明显，呈现出结构轻型化、内部重组和外部转移的阶段性特征。随着市场经济的逐步完善，商业呈现出多元化、空间重组，以及大分散和小集中的趋势，层次性日益明朗。随着产业结构演进和升级，一些新的产业形态纷纷涌现，使细分产业结构不断多样化。新产业空间的出现，改变了传统的功能分区模式。文化创意产业、生产性服务业和生活性服务业成为新兴产业中最为突出的部分。

人口郊区化趋势明显，多中心人口密度格局日渐形成。改革开放以来，北京市中心区人口持续减少，近郊区增长强度最大，而远郊区人口的增长则相对较缓，人口的郊区化趋势一目了然；甚至在进入 21 世纪以来，人口外迁的趋势进一步加强。其中，外来人口的增长，在一定程度上掩盖了人口外迁的真实强度。随着逆城市化、人口郊区化以及卫星城的发展，人口密度多中心化趋势逐渐形成。

社会阶层多样化，社会空间分异程度增强。从 1982 年北京市社会区空间结构因子载荷矩阵来看，社会阶层可以划分为工人、农民、知识分子以及地质采矿工作人员。1990 年前三个主因子依次表现工人、知识分子和农民阶层，第四个主因子与外来人口正相关，体现出外来人口在社会阶层中的特殊地位。从 2000 年北京市社会区空间结构因子载荷矩阵来看，提取五个主因子，对应的阶层类型可以确定为工人、农民、知识分子、采掘行业以及外来流动人口。对比三个时间点的社会区因子载荷矩阵可以发现，社会空间分异程度呈现多样化趋势，外来人口和流动人口的作用有所加强。

异质性文化要素侵入，文化景观与地名空间失语，传统民俗空间弱化。异质性文化空间侵入，传统的文化理念发生一定的变异，衍生出独特的文化符号空间。随着建筑风格的多元化，以及老城区城市更新速度的加快，传统文化景观和地名空间面临严峻的挑战。伴随大城市现代化的加快和城市化的推进，城市传统民俗空间容易受到侵占，而发生退化。

信息化与信息技术催生网络空间，赛博空间正在萌芽。一方面，网络空间改变城市人群的生活空间、工作空间和居住空间；另一方面，信息空间的出现也极大地改变了产业组织的空间布局模式，柔性生产和灵活积累也能够借助信息空间而有效地实现。

传统围合空间发生变迁，尤其以邻里空间和生活空间最为显著。从邻里空间构成要素及其相互关联程度，可以将中国不同时期的邻里空间划分为三种不同的形式，即传统社会的自然邻里空间、计划经济时期的"蜂巢式"单位制邻里空间和市场经济模式下的封闭性社区邻里空间。随着单位制的转型，特别是市场经济的逐步完善，社会分工逐渐深入，单位附属的一些功能被剥离出去，形成了具有专业化分工和技术优势的功能性生活空间，生活空间逐渐公共化，呈现出放大趋势。

第三，大城市对外空间经济联系加强，空间扩散与外溢成为必然趋势，产业空间、居住空间和休闲空间外溢进入加速阶段。

随着区域经济一体化的加快，大城市与周边地市的联系得到显著加强，形成密集的城市网络体系。随着大城市空间资源的稀缺，一些传统行业的大型企业，产生了外迁的需求，需要寻找新的空间，使企业获得新的生命。只有加强区域合作，完善产业分工，找准城市定位，大城市和所在区域才可以获得长远发展。由于大城市居住空间外溢形成的需求市场，与边缘地区空余的土地资源构成的供给市场，快速地发生化学反应，使这些地区的功能超出了行政的限制，成为大城市"房地产市场的有机组成部分"。但从发展现状来看，外溢不经济现象较为严重，需要进行冷静调控与合理配置。同时，由于大城市居民个人可支配收入的提升，闲暇时间的增多，短途休闲旅游成为消费时尚，休闲空间外溢成为必然趋势。

第四，从地理空间尺度来看，转型期大城市空间结构演变机理涵盖五个方面内容，即全球层面生产方式的深刻变革、国家层面体制转型与要素重组、区域层面资源约束与区域导向、地方层面政府干预与经营城市，以及个体层面多元主体调节和自组织。

全球生产组织方式的变革，深刻地改变了大城市发展的外部环境。全球层面的要素参与到每一个大城市的生产中去，而大城市也已经离不开这种外部要素的导入和支持。信息化的发展，使全球城市和空间要素连接成为一个整体，这使"空间"的概念趋于抽象化，生产的供给双方建立了更为密切的联系。任何一个环节的变动，都会得到其他部分的快速响应。现代主义和"后现代"主义，潜移默化地改变着人们的价值观念，各种体现现代性与后现代性的物质形态，侵入城市空间之中，改变着城市的内在社会意识和外在形态风貌。随着资本流动的加快和技术扩散的加剧，产业升级、转移与替代成为区域经济发展的必然趋势，大城市作为产业组织的核心，必然要对此做出快速响应。柔性生产正逐渐影响着传统制造业的发展模式，而灵活积累则使"消费性社会"加速到来。

国家层面的体制转型、制度改革和生产要素重组，改变了计划经济时期城市空间要素的组合方式。转型期的制度改革，改变了计划经济时期积淀的社会组织模式，以及构成要素的组织方式，使城市空间结构产生变革。改革开放以后，单位制、土地制度、户籍制度和住房制度都发生了较大的变革，这就改变了建构在这些制度之上的城市空间结构。城市化阶段性政策导向，显著影响着城市规模、城市结构和城市性质的变化。中国正处于工业化中期阶段，改革开放以来，第二产业始终处于主体地位，而第三产业呈现上升趋势，这一趋势在全面改革开放实施以来显得尤为显著，新型工业化、产业高级化和第三产业发展成为转型期产业升级的主体内容，转型期大城市产业布局与用地结构也相应地发展转变。

区域资源环境条件对城市发展和城市空间结构演变有着重要的约束作用，重大区域政策也引导着城市空间的运行模式。随着城市规模的扩大，人口数量的增加和企业数量的扩张，城市对资源的需求程度不断提升。然而，城市本身的资源条件和区域输入规模在一定时期内是有限的，这样就对城市的发展形成了资源"紧约束"，从而限制城市发展和空间的扩张，或者迫使城市管理者在资源约束条件下，进行产业升级和城市更新。区域的发展进程能够极大地影响中心城市的空间演变和产业调整，特别是国家重大区域政策，能够对城市空间演变起到重要的诱导作用。

城市政府利用行政、经济杠杆，对城市空间进行积极的干预、控制和引导，显著地改变了空间固有格局，确定了一定时期内城市空间拓展的总体方向。城市规划是城市理论研究和时代特征的综合体，是一定时期内城市发展与城市空间演变的目标框架，对城市空间的拓展都起到了一定的约束和引导作用。改革开放以来的"市带县""撤县设市""撤县设区"等重要阶段，对城市空间调整产生重大影响，在短时间内改变了城市的行政范围和经济规模。经济发展的活力得到极大释放，政府可以通过投资和产业政策等经济杠杆，引导产业的流动和空间的演变。私人交通工具和城市交通网络的完善，加快了要素流动和空间扩展的步伐，也在一定程度上加速了郊区化的进程。随着中国开发开放力度的不断加强，各类开发区已经成为城市空间演变的局部增长极。甚至伴随经济功能的提升，开发区结构不断完善，将会带动行政层面的变动，使城市空间发生内涵和外延上的双重转变。

随着市场经济的确立，城市中的利益主体呈现多元化趋势，增大了自组织活力和调控作用。城市中的企业类型呈现多元化趋势，客观上促进了社会空间分异。消费需求的多元化，使人们对于空间选择维度和要求都更为复杂。典型的城市事件也会对城市空间结构产生不同程度的极化效应，加快局部或带动城市整体的跃迁，甚至成为城市空间演变的重要拐点。

第五，转型期的特殊语境，使大城市空间结构内在诉求与时代困境成为现实的矛盾，必须立足理想城市空间的价值取向和"辩证乌托邦"的价值体系，从制度层面、要素层面、规划层面、结构层面和社会层面，探索转型期大城市空间结构调控的"中国式"答案。

理想城市空间是城市空间调控的"辩证乌托邦"，是生产的、生态的、本土的、生活的、公平的与和谐的。要素集聚与规模经济是大城市发展的根本动力，低碳城市是新时期城市发展的必然选择，城市记忆是每座城市宝贵的精神家园，人文关怀是大城市和谐稳定的坚实基础，与自然的和谐共生更是任何时空城市的终极目标。

转型期特殊语境，使城市空间的内在诉求与时代困境构成一对现实的矛盾，制约着城市发展与空间优化的进程。二元结构的痕迹还有所存留，计划经济与市场经济的并存，城市结构、土地类型等方面，都还存在着二元结构，及城乡二元结构、土地国有与集体所有制的矛盾冲突。城市蔓延造成了土地利用的低效、城市化质量的虚浮以及资源环境的破坏。现代建筑和空间的引入，逐渐地改变了城市的固有风貌，甚至侵占了传统历史文化符号的空间，造成了城市形态的趋同。产业高级化的过程受到刚性要素的制约，包括计划经济时代所形成的产业惯性、历史时期布局的稳定性以及资源环境承载力。景观破碎化与社会空间分异，加大了土地管理和社会治理的复杂性。多中心大城市还有待完善，中心城市的规模集聚效应还处于提升之中，边缘集团的"反磁力"作用有待加强。城市区域化与区域一体化受到行政壁垒的制约，限制了城市与外部空间的要素交换；同时，由于缺乏宏观调控和监控，空间扩散存在外部不经济性，特别是边缘地区土地市场的二元结构，对于短期效益和经济利益的追求，造成房地产业的无序蔓延，不利于城市边缘区土地利用的持续发展。

转型期大城市空间结构的优化调控对策应涵盖制度改革、土地集约与产业结构优化、城市规划调控，以及社会治理和人文关怀。体制改革是城市发展与空间优化的根本动力，消除体制性障碍和行政壁垒，创造内在发展动力，构建城乡一体化的区域格局。土地与产业的合理化是空间调整的重要基础，通过空间管治和精明增长，地下空间整治与开发，提升土地利用集约度，拓展发展空间；优化产业结构，推进大城市产业高级化进程。完善城市规划体系，突破传统的规划维度，加强全要素规划和空间规划，推进城市形态本土化。通过专业化分工和要素规模集聚，强化边缘集团的"反磁力"作用，形成非均衡多中心城市空间结构，有效缓解单中心空间模式的压力。加强社会治理与人文关怀，保障大城市社会稳定与可持续发展。

7.2

进一步研究展望

中国所处的时代背景与国外存在巨大的差异，面临的现实问题也独具特色，这就决定我们必须立足自身，明确当前的问题，以及未来相当长时期内城市发展的趋向。国外传统城市理论经典解释不了转型期中国城市发展和空间结构演变的全部现象，而机械的模仿和简单的照搬无疑会造成"水土不服"，"橘生淮南则为橘，生于淮北则为枳"。毫无疑问，我们需要明确当前转型期的特殊语境和时代困境，寻找"中国式"的回答，建构属于我们自己的、富有中国特色的"芝加哥"学派。

转型期的特殊语境，决定了城市空间结构研究的重要性和现实价值。无论从转型期来看，还是城市空间结构的研究来讲，尚有许多问题留待进一步研究。本书围绕这一议题，仅就模型、特征、机理与调控这几个基本的问题进行探讨。本书建构了城市空间结构的多要素模型，形成了转型城市空间范式；然而，囿于笔者目前的学术水平、能力和精力，对这样一个宏大的议题，尚不能给出完满的答案，可谓是"管中窥豹，时见一斑"，今后需要进一步探索的问题还有很多。

就本书本身而言，今后的研究有以下方面需要加强：

第一，研究视角有待拓展，内容有待丰富。本研究虽建立了理想分析框架和多维分析模型，力求探索转型期大城市空间结构演变的基本情况。但由于城市系统具有高度的开放性和系统复杂性，本书研究只能涉及其中的部分内容，所用计量模型和指标体系也具有一定的主观性。比如在进行演变特征的分析时，为承接理论部分的基本框架，将"双层次、四维度、七要素"模型的要素都进行了涉猎，但由于资料和精力所限，只能在实体空间、经济空间和社会空间方面有所侧重。今后，应在客观理解城市空间结构的基础上，进一步细化模型和方法，提高研究广度和深度。

第二，案例多样性需要提升。囿于数据资料和研究时间的限制，本书只选择了北京和天津等城市作为主要案例，进行机理分析和对策研究。但由于每个城市的内在特征和外在环境千差万别，有限的案例也难以完全概括转型期中国大城市空间演变的全貌。今后，应拓展研究案例，提高研究的普适性。

第三，数据获取方法有待进一步丰富。本研究所用的数据包括遥感图像、地理图集、统计年鉴、统计公报、规划报告与实地调研数据，缺乏大样本量问卷调查和个体访谈，影响了社会经济维度研究的科学性与时代性。今后，应将地理数据、统计资料、实地调研与问卷调查相结合，完善本书数据结构，提升研究的准确性和针对性。

附录

1982～2000 年北京市街区
变迁对应关系表

区域	1982 年	1990 年	2000 年
东城区	和平里街道	和平里街道	和平里街道
	安定门街道	安定门街道	安定门街道
	交道口街道	交道口街道	交道口街道
	景山街道	景山街道	景山街道
	东华门街道	东华门街道	东华门街道
	建国门街道	建国门街道	建国门街道
	朝阳门街道	朝阳门街道	朝阳门街道
	东四街道	东四街道	东四街道
	北新桥街道	北新桥街道	北新桥街道
	东直门街道	东直门街道	东直门街道
西城区	二龙路街道	二龙路街道	二龙路街道
	西长安街街道	西长安街街道	西长安街街道
	丰盛街道	丰盛街道	丰盛街道
	厂桥街道	厂桥街道	厂桥街道
	福绥境街道	福绥境街道	福绥境街道
	新街口街道	新街口街道	新街口街道
	月坛街道	月坛街道	月坛街道
	展览路街道	展览路街道	展览路街道
	德外街道	德外街道	德外街道
	阜外街道	阜外街道	阜外街道
宣武区	大栅栏街道	大栅栏街道	大栅栏街道
	天桥街道	天桥街道	天桥街道
	椿树街道	椿树街道	椿树街道
	陶然亭街道	陶然亭街道	陶然亭街道
	广内街道	广内街道	广内街道
	牛街街道	牛街街道	牛街街道

续表

区域	1982 年	1990 年	2000 年
宣武区	白纸坊街道	白纸坊街道	白纸坊街道
	广外街道	广外街道	广外街道
	北京市劳改局清河农场	清河农场	清河农场
崇文区	前门街道	前门街道	前门街道
	崇文门外街道	崇文门街道	崇文门街道
	东花市街道	东花市街道	东花市街道
	龙潭街道	龙潭街道	龙潭街道
	体育馆路街道	体育馆街道	体育馆街道
	天坛街道	天坛街道	天坛街道
	永定门外街道	永定门外街道	永定门外街道
朝阳区	呼家楼街道	呼家楼街道	呼家楼街道
	朝外大街道	朝外大街道	朝外大街道
	酒仙桥街道	酒仙桥街道	酒仙桥街道
	将台人民公社	将台乡	将台乡
	堡头街道	堡头街道	堡头街道
	王四营人民公社	王四营乡	王四营乡
	八里庄街道	八里庄街道	八里庄街道
		六里屯街道	六里屯街道
	管庄街道	管庄街道	管庄街道
	双桥人民公社	管庄乡	管庄乡
		三间房乡	三间房乡
		长营乡	长营乡
		豆各庄乡	豆各庄乡
		黑庄户乡	黑庄户乡
	和平街道	和平街道	和平街道
		安贞街道	安贞街道
	建外街道	建外街道	建外街道
	双井街道	双井街道	双井街道
	劲松街道	劲松街道	劲松街道
		南磨房乡	南磨房乡
	南磨房人民公社	南磨房乡	南磨房乡
		潘家园街道	潘家园街道
	小关街道	小关街道	小关街道
	左家庄街道	左家庄街道	左家庄街道
		香河园街道	香河园街道

续表

区域	1982 年	1990 年	2000 年
朝阳区	三里屯街道	三里屯街道	三里屯街道
	首都机场街道	首都机场街道	首都机场街道
	团结湖街道	团结湖街道	团结湖街道
	小红门人民公社	小红门乡	小红门乡
	十八里店人民公社	十八里店乡	十八里店乡
	高碑店人民公社	高碑店乡	高碑店乡
	平房人民公社	平房乡	平房乡
	东坝人民公社	东坝乡	东坝乡
	楼梓庄人民公社	楼梓庄乡	楼梓庄乡
	金盏人民公社	金盏乡	金盏乡
	来广营人民公社	来广营乡	来广营乡
			望京街道
	太阳宫人民公社	太阳宫乡	太阳宫乡
	大屯人民公社	亚运村街道	亚运村街道
		大屯乡	大屯乡
	洼里人民公社	洼里乡	洼里乡
	和平人民公社	黄港乡	黄港乡
		孙河乡	孙河乡
		崔各庄乡	崔各庄乡
		南皋乡	南皋乡
	东风人民公社	麦子店街道	麦子店街道
		东风乡	东风乡
丰台区	丰台镇街道	丰台镇街道	丰台街道
	卢沟桥街道	卢沟桥街道	宛平城街道
	卢沟桥乡	卢沟桥乡	卢沟桥街道
	太平桥街道	太平桥街道	卢沟桥乡
			太平桥街道
	新村街道	新村街道	新村街道
	花乡乡	花乡乡	花乡乡
	南苑镇街道	南苑镇街道	南苑镇街道
			和义街道
	东高地街道	东高地街道	东高地街道
	大红门街道	大红门街道	大红门街道
	南苑乡	南苑乡	南苑乡

续表

区域	1982 年	1990 年	2000 年
丰台区	右安门街道	右安门街道	右安门街道
		西罗园街道	西罗园街道
			马家堡街道
	东铁匠营街道	东铁匠营街道	东铁匠营街道
	方庄街道	方庄街道	方庄街道
	长辛店镇街道	长辛店镇街道	长辛店镇街道
	长辛店乡	长辛店乡	长辛店乡
	云岗街道	云岗街道	云岗街道
	王佐乡	王佐乡	王佐乡
	老庄子乡	老庄子乡	老庄子乡
石景山区	古城街道	北辛安街道	古城街道
	北辛安街道	古城街道	八角街道
	石景山人民公社	八角街道	
	八宝山街道	八宝山街道	八宝山街道
		老山街道	老山街道
	苹果园街道	苹果园街道	苹果园街道
	金顶街街道	金顶街街道	金顶街街道
	广宁街道	广宁街道	广宁街道
	五里坨街道	五里坨街道	五里坨街道
	首都钢铁公司矿山街道居民管理委员会	首钢迁安矿区街道	首钢迁安矿区街道
海淀区	万寿路街道	万寿路街道	万寿路街道
	羊坊店街道	羊坊店街道	羊坊店街道
	甘家口街道	甘家口街道	甘家口街道
	八里庄街道	八里庄街道	八里庄街道
	紫竹院街道	紫竹院街道	紫竹院街道
	四季青人民公社	四季青人民公社	四季青乡
		香山街道	香山街道
			田村街道
	北下关街道	北下关街道	北下关街道
	北太平庄街道	北太平庄街道	北太平庄街道
	东升路街道	东升乡	东升乡
	东升人民公社	东升路街道	学院路街道
			花园路街道
	中关村街道	中关村街道	中关村街道

区域	1982 年	1990 年	2000 年
海淀区	双榆树街道	双榆树街道	双榆树街道
	海淀街道	海淀乡	海淀乡
	海淀人民公社	海淀街道	海淀街道
	青龙桥街道	青龙桥街道	青龙桥街道
	清河街道	清河街道	清河街道
			西三旗街道
	永定路街道	永定路街道	永定路街道
	清华园街道	清华园街道	清华园街道
	燕园街道	燕园街道	燕园街道
	玉渊潭人民公社	玉渊潭乡	玉渊潭乡
	永丰人民公社	永丰乡	永丰乡
	苏家坨人民公社	苏家坨乡	苏家坨乡
	北安河人民公社	北安河乡	北安河乡
	温泉人民公社	温泉乡	温泉乡
	东北旺人民公社	东北旺乡	东北旺乡
	上庄人民公社	上庄乡	上庄乡
	西山农场	聂各庄乡	聂各庄乡
房山区	燕山区	东风街道	东风街道
	城关镇	向阳街道	向阳街道
	城关人民公社	栗园街道	栗园街道
		迎风街道	迎风街道
		房山街道	城关街道
	良乡镇	良乡地区	良乡镇
	良乡人民公社		
	新镇	新镇街道	新镇街道
	大紫草坞人民公社	大紫草坞乡	星城街道
			闫村镇
	周口店人民公社	周口店地区	周口店镇
	黄山店人民公社	黄山店乡	
	长沟峪人民公社		
	石楼人民公社	石楼镇	石楼镇
	东营人民公社	东营乡	韩村河镇
	琉璃河人民公社	琉璃河地区	琉璃河镇
	东南召人民公社	东南召乡	东南召镇
	窑上人民公社	窑上乡	窑上乡

续表

区域	1982 年	1990 年	2000 年
房山区	窦店人民公社	窦店镇	窦店镇
	交道人民公社	交道乡	交道镇
	官道人民公社	官道乡	官道镇
	葫芦垡人民公社	葫芦垡乡	葫芦垡乡
	崇各庄人民公社	崇各庄乡	青龙湖镇
	坨里人民公社	坨里乡	坨里镇
	岳各庄人民公社	岳各庄乡	岳各庄镇
	长沟人民公社	长沟镇	长沟镇
	南尚乐人民公社	南尚乐乡	南尚乐镇
	张坊人民公社	张坊镇	张坊镇
	六渡人民公社	十渡镇	十渡镇
	十渡人民公社		
	蒲洼人民公社	蒲洼乡	蒲洼乡
	霞云岭人民公社	霞云岭乡	霞云岭乡
	史家营人民公社	史家营乡	史家营乡
	金鸡台办事处		
	长操人民公社	东班各庄乡	佛子庄乡
	东班各庄人民公社	长操乡	
	长阳人民公社	长阳镇	长阳镇
	大安山人民公社	大安山乡	大安山乡
	南窖人民公社	南窖乡	南窖乡
	河北人民公社	河北镇	河北镇
通州区	通州镇	通州镇	永顺镇
	城关人民公社	城关镇	中仓街道
			新华街道
			北苑街道
			玉桥街道
	胡各庄人民公社	胡各庄乡	胡各庄镇
	宋庄人民公社	宋庄镇	宋庄镇
	徐辛庄人民公社	徐辛庄镇	徐辛庄镇
	西集人民公社	西集镇	西集镇
	侉子店人民公社	侉店乡	甘棠镇
	郎府人民公社	郎府乡	郎府镇
	潞县人民公社	小务乡	永乐店镇
	永乐店人民农场	永乐店乡	于家务乡

续表

区域	1982 年	1990 年	2000 年
		于家务乡	柴厂屯镇
		渠头乡	潞县镇
		柴厂屯乡	
		草厂乡	
		潞县镇	
通州区	觅子店人民公社	觅子店乡	觅子店镇
	牛堡屯人民公社	牛堡屯镇	牛堡屯镇
	大杜社人民公社	大杜社乡	大杜社镇
	张家湾人民公社	张家湾镇	张家湾镇
	梨园人民公社	梨园镇	梨园镇
	台湖人民公社	台湖乡	台湖镇
	马驹桥人民公社	马驹桥镇	马驹桥镇
	次渠人民公社	次渠镇	次渠镇
顺义区	城关镇	顺义镇	仁和镇
	城关人民公社		胜利街道
	平各庄人民公社		光明街道
	北石槽人民公社	北石槽乡	北石槽镇
	板桥人民公社	板桥乡	赵全营镇
	赵全营人民公社	赵全营乡	
	高丽营人民公社	高丽营镇	高丽营镇
	张喜庄人民公社	张喜庄乡	
	后沙峪人民公社	后沙峪乡	后沙峪镇
	天竺人民公社	天竺镇	天竺镇
	牛栏山人民公社	牛栏山镇	牛栏山镇
	马坡人民公社	马坡乡	马坡镇
	南法信人民公社	南法信乡	南法信镇
	李家桥人民公社	李桥镇	李桥镇
	沿河人民公社	沿河乡	
	北小营人民公社	北小营镇	北小营镇
	俸伯人民公社	俸伯乡	南彩镇
	南彩人民公社	南彩镇	
	李遂人民公社	李遂镇	李遂镇
	木林人民公社	木林镇	木林镇
	李各庄人民公社	李各庄乡	
	杨各庄人民公社	杨镇	杨镇

区域	1982 年	1990 年	2000 年
顺义区	沙岭人民公社	沙岭乡	
	小店人民公社	小店乡	
	北务人民公社	北务乡	北务镇
	大孙各庄人民公社	大孙各庄乡	大孙各庄镇
	尹家府人民公社	尹家府乡	
	龙湾屯人民公社	龙湾屯乡	龙湾屯镇
	赵各庄人民公社	赵各庄乡	张镇
	张各庄人民公社	张镇	
昌平区	昌平镇	城区镇	城北街道
	昌平镇人民公社	昌平镇	昌平镇
	南口镇	南口镇	南口镇
	南口镇人民公社	桃洼乡	
	桃洼人民公社	道南镇	
	沙河镇	沙河镇	沙河镇
	沙河镇人民公社	七里渠乡	北七家镇
	北七家人民公社	巩华镇	东小口镇
	东小口人民公社	北七家乡	回龙观镇
	北郊农场	平西府镇	
		燕丹乡	
		东小口乡	
		霍营乡	
		史各庄乡	
		西三旗镇	
	兴寿人民公社	兴寿乡	兴寿镇
	下庄人民公社	下庄乡	
	上苑人民公社	上苑乡	
	百善人民公社	百善乡	百善镇
	大朵流人民公社	大东流乡	
	小汤山人民公社	小汤山镇	小汤山镇
	崔村人民公社	崔村乡	崔村镇
	流村人民公社	流村乡	流村镇
	老峪沟人民公社	老峪沟乡	
	高崖口人民公社	高崖口乡	
	阳坊人民公社	阳坊镇	阳坊镇
	亭子庄人民公社	亭子庄乡	马池口镇

续表

区域	1982 年	1990 年	2000 年
昌平区	马池口人民公社	马池口镇	
	南口农场	土楼乡	
	南邵人民公社	南邵乡	南邵镇
	长陵人民公社	长陵乡	长陵镇
	黑山寨人民公社	黑山寨乡	
	十三陵农场	十三陵乡	十三陵镇
大兴区	黄村镇	黄村镇	黄村镇
	芦城人民公社	芦城乡	
		孙村乡	
	采育人民公社	采育镇	采育镇
	大皮营人民公社	大皮营乡	
	凤河营人民公社	凤河营乡	
	朱庄人民公社	朱庄乡	长子营镇
	长子营人民公社	长子营乡	
	青云店人民公社	青云店镇	青云店镇
	垡上人民公社	垡上乡	
	安定人民公社	安定乡	安定镇
	礼贤人民公社	礼贤镇	礼贤镇
	大辛庄人民公社	大辛庄乡	
	魏善庄人民公社	魏善庄乡	魏善庄镇
	半壁店人民公社	半壁店乡	
	榆垡人民公社	榆垡镇	榆垡镇
	南各庄人民公社	南各庄乡	
	庞各庄人民公社	庞各庄镇	庞各庄镇
	定福庄人民公社	定福庄乡	
	北臧村人民公社	北臧村乡	北臧村镇
	红星人民公社	西红门镇	西红门镇
		金星乡	旧宫镇
		旧宫镇	亦庄镇
		亦庄乡	瀛海镇
		鹿圈乡	
		瀛海乡	
		太和乡	

续表

区域	1982 年	1990 年	2000 年
门头沟区	大峪街道	大峪街道	大峪街道
	门头沟人民公社	龙泉镇	龙泉镇
	城子街道	城子街道	城子街道
	东辛房街道	东辛房街道	东辛房街道
	大台街道	大台街道	大台街道
	王平村街道	王平村街道	王平镇
	色树坟人民公社	色树坟乡	
	北岭人民公社	北岭乡	
	潭柘寺人民公社	潭柘寺乡	潭柘寺镇
	永定人民公社	永定镇	永定镇
	军庄人民公社	军庄镇	军庄镇
	妙峰山人民公社	妙峰山乡	妙峰山镇
	上苇甸人民公社	上苇甸乡	
	青白口人民公社	雁翅镇	雁翅镇
	大村人民公社	大村乡	
	田庄人民公社	田庄乡	
	沿河城人民公社	沿河城乡	斋堂镇
	斋堂人民公社	斋堂镇	
	清水人民公社	清水乡	清水镇
	齐家庄人民公社	齐家庄乡	
	黄塔人民公社	黄塔乡	
	军响人民公社	军响乡	军响乡
怀柔区	城关镇	怀柔镇	怀柔镇
	城关人民公社		
	北房人民公社	北房镇	北房镇
	杨宋庄人民公社	杨宋镇	杨宋镇
	庙城人民公社	庙城镇	庙城镇
	茶坞人民公社	桥梓镇	桥梓镇
	北宅人民公社	北宅乡	
	西庄人民公社	怀北镇	怀北镇
	沙峪人民公社	沙峪乡	渤海镇
	三渡河人民公社	三渡河乡	
	汤河口人民公社	汤河口镇	汤河口镇
	黄花城人民公社	黄花城乡	九渡河镇
	黄坎人民公社	黄坎乡	

续表

区域	1982 年	1990 年	2000 年
怀柔区	范各庄人民公社	范各庄乡	雁栖镇
	八道河人民公社	八道河乡	
	崎峰茶人民公社	崎峰茶乡	琉璃庙乡
	琉璃庙人民公社	琉璃庙乡	
	宝山寺人民公社	宝山寺乡	宝山寺乡
	碾子人民公社	碾子乡	碾子乡
	喇叭沟门人民公社	喇叭沟门乡	喇叭沟门满族乡
	长哨营人民公社	长哨营乡	长哨营满族乡
	七道河人民公社	七道河乡	
平谷区	城关镇	平谷镇	平谷镇
	城关人民公社		
	东高村人民公社	东高村镇	东高村镇
	门楼庄人民公社	门楼庄乡	
	夏各庄人民公社	夏各庄镇	夏各庄镇
	山东庄人民公社	山东庄镇	山东庄镇
	王辛庄人民公社	王辛庄镇	王辛庄镇
	乐政务人民公社	乐政务乡	
	马坊人民公社	马坊乡	马坊镇
	英城人民公社	英城乡	
	峪口人民公社	峪口镇	峪口镇
	北杨家桥人民公社	北杨家桥乡	
	南独乐河人民公社	南独乐河镇	南独乐河镇
	大华山人民公社	大华山镇	大华山镇
	马昌营人民公社	马昌营乡	马昌营镇
	大兴庄人民公社	大兴庄乡	大兴庄镇
	韩庄人民公社	韩庄乡	韩庄镇
	靠山集人民公社	靠山集乡	靠山集乡
	黄松峪人民公社	黄松峪乡	黄松峪乡
	熊儿寨人民公社	熊儿寨乡	熊儿寨乡
	镇罗营人民公社	镇罗营乡	镇罗营乡
	刘家店人民公社	刘家店乡	刘家店乡

续表

区域	1982 年	1990 年	2000 年
密云县	城关镇	密云镇	密云镇
	城关人民公社		
	溪翁庄镇	溪翁庄镇	溪翁庄镇
	溪翁庄人民公社		
	穆家峪人民公社	穆家峪乡	穆家峪镇
		檀营满族蒙古族民族乡	檀营乡
	河南寨人民公社	河南寨乡	河南寨镇
	巨各庄人民公社	巨各庄镇	巨各庄镇
	西田各庄人民公社	西田各庄乡	西田各庄镇
	卸甲山人民公社	卸甲山乡	
	十里堡人民公社	十里堡乡	十里堡镇
	大城子人民公社	大城子乡	大城子镇
	太师屯人民公社	太师屯镇	太师屯镇
	东庄禾人民公社	东庄禾乡	
	东邵渠人民公社	东邵渠乡	东邵渠乡
	北庄人民公社	北庄乡	北庄乡
	新城子人民公社	新城子乡	新城子乡
	高岭人民公社	高岭乡	高岭镇
	上甸子人民公社	上甸子乡	
	古北口人民公社	古北口镇	古北口镇
	不老屯人民公社	不老屯镇	不老屯镇
	半城子人民公社	半城子乡	
	冯家峪人民公社	冯家峪乡	冯家峪镇
	番字牌人民公社	番字牌乡	番字牌乡
	石城人民公社	石城乡	石城乡
	四合堂人民公社	四合堂乡	
延庆县	延庆镇	延庆镇	延庆镇
	永宁镇	永宁镇	永宁镇
	清泉铺乡	清泉铺乡	
	康庄镇	康庄镇	康庄镇
	张山营镇	张山营镇	张山营镇
	靳家堡乡	靳家堡乡	
	沈家营乡	沈家营乡	沈家营镇
	西二道河乡	西二道河乡	井庄镇
	井家庄乡	井家庄乡	

续表

区域	1982 年	1990 年	2000 年
	西拨子乡	西拨子乡	八达岭镇
	下屯乡	下屯乡	大榆树镇
	大榆树乡	大榆树乡	
	刘斌堡乡	刘斌堡乡	刘斌堡乡
	大庄科乡	大庄科乡	大庄科乡
	旧县乡	旧县乡	旧县镇
	白河堡乡	白河堡乡	
延庆县	香营乡	香营乡	香营乡
	小川乡	小川乡	
	四海乡	四海乡	四海镇
	黑汉岭乡	黑汉岭乡	
	珍珠泉乡	珍珠泉乡	珍珠泉乡
	千家店乡	千家店乡	千家店镇
	红旗甸乡	红旗甸乡	
	花盆乡	花盆乡	
	沙梁子乡	沙梁子乡	

参 考 文 献

［1］［美］普雷斯顿·詹姆斯. 地理学思想史［M］. 李旭旦译. 北京：商务印书馆，1982：155.

［2］［德］阿尔弗雷德·赫特纳. 地理学——它的历史、性质和方法［M］. 王兰生译. 北京：商务印书馆，1986：135.

［3］［英］R. J. 约翰斯顿. 哲学与人文地理学［M］. 蔡运龙，江涛译. 北京：商务印书馆，2000.

［4］《马克思恩格斯选集》（第3卷）［M］. 北京：人民出版社，1972：56.

［5］《列宁全集》（第19卷）［M］. 北京：人民出版社，1959：264.

［6］周一星. 城市地理学［M］. 北京：商务印书馆，1999：9.

［7］刘易斯·芒福德. 城市发展史——起源、演变和前景［M］. 宋俊岭，倪文彦译，北京：中国建筑工业出版社，2005：1-2.

［8］Blanchard, Dornbusch, Krugman, et al. Reform in Eastern Europe Cambridge. MA：MIT Press，1992.

［9］Burawory M. The state and economic involution：Russia through a China lens. World development，1996（24）.

［10］Cook I. G. , Murray G. China's Third Revolution：Tensions in the Transition to Post – Communism. London：Curzon Press，2001.

［11］Mossberger K. , Stoker G. The evolution of urban regime theory：the challenge of conceptualization. Urban Affairs Review，2001（6）.

［12］Castells M. The City and the Grassroots：A Cross-cultural Theory of Urban Social Movements. Edward Arnold，1983.

［13］Estrin, Wright. Corporate Governance in the former soviet union：an over view. Journal of Comparative Economics，1999，27（3）.

［14］Gibbs D. , Jonas E. G. A. Governance and regulation in local environmental policy：the utility of a regime approach. Geoforum，2000（31）.

［15］Gomulka, Lane. The Transformational recession under a resource mobility constraint. Journal of Comoparative Economics，2001，29（3）.

［16］Dowding K. Explaining urban regime. International Journal of Urban and Regional Research，2001（1）.

［17］Bourne L. S. Internal Structure of the City：Readings on Urban Form，Growth，and Policy. Oxford：Oxford University Press，1978.

［18］欧阳南江. 20 年代以来西方国家城市内部结构研究进展［J］. 热带地理，1995，15（3）：229－234.

［19］唐子来. 西方城市空间结构研究的理论和方法［J］. 城市规划汇刊，1997，6（1）：122－132.

［20］吴启焰，朱喜钢. 城市空间结构研究的回顾与展望［J］. 地理学与国土研究，2001，17（2）：46－50.

［21］甄峰，顾朝林. 信息时代空间结构新进展［J］. 地理研究，2002，21（2）：257－266.

［22］冯健，周一星. 中国城市内部空间结构研究进展与展望［J］. 地理科学进展，2003，22（3）：304－315.

［23］赵荣. 试论西安城市地域结构演变的主要特点［J］. 人文地理，1998，13（3）：25－29.

［24］刘玉芬. 近代哈尔滨社会变迁对城市空间结构演变的影响［D］. 东北师范大学硕士学位论文，2007.

［25］田禹. 1945 年以前大连社会变迁对城市空间结构演变的影响［D］. 东北师范大学硕士学位论文，2008.

［26］任云英. 近代西安城市空间结构演变研究（1840~1949）［D］. 陕西师范大学博士学位论文，2005.

［27］邓祖涛. 汉水流域中心城市空间结构演变探讨［J］. 地域研究与开发，2007，26（1）：12－57.

［28］张志斌，袁寒. 西宁城市空间结构演化分析［J］. 干旱区资源与环境，2008，22（5）：36－41.

［29］宗跃光. 大都市空间扩展的周期性特征——以美国华盛顿——巴尔的摩地区为例［J］. 地理学报，2005，60（3）：418－424.

［30］王祁春，李诚固，丁万军. 长春市城市地域结构体系研究［J］. 地理科学，2001，21（1）：81－88.

［31］刘艳军，李诚固. 长春市城市空间结构演化机制及调控研究［J］. 现代城市研究，2008（6）：52－60.

［32］邓清华. 城市空间结构的历史演变［J］. 地理与地理信息系统，2005，21（6）：78－85.

[33] 靳美娟. 兰州城市空间结构演化与持续发展性研究 [D]. 西北师范大学硕士学位论文, 2005.

[34] 谢天成, 谢正观. 西北干旱区城市空间结构演变分析——以巴彦浩特为例 [J]. 中国科学院研究生院学报 (英文版), 2008, 25 (6): 748 – 755.

[35] 魏立华, 闫小培, 刘玉亭. 清代广州城市社会空间结构研究 [J]. 地理学报, 2008, 63 (6): 613 – 624.

[36] 周蕊. 银川城市空间结构的演化与发展研究 [J]. 山西建筑, 2008, 34 (32): 40 – 41.

[37] 吴启焰, 任东明. 改革开放以来中国城市地域结构演变与持续发展研究——以南京都市区为例 [J]. 地理科学, 1999, 19 (2): 108 – 113.

[38] 赵燕菁. 高速发展与空间演进——深圳城市结构的选择及其评价 [J]. 城市规划, 2004, 28 (6): 32 – 42.

[39] 张晓平, 刘卫东. 开发区与中国城市空间结构演进及其动力机制 [J]. 地理科学, 2003, 23 (2): 142 – 149.

[40] 李忠淑. 浅谈高新区发展对城市空间结构的影响 [J]. 山西建筑, 2005, 31 (21): 27 – 28.

[41] 钟源, 杨永春. 开发区主导下的中国西部河谷型城市空间结构演进研究 [J]. 甘肃科技, 2007, 23 (4): 1 – 5.

[42] 王战和. 高新技术产业开发区建设发展与城市空间结构演变研究 [D]. 东北师范大学博士学位论文, 2006.

[43] 张志斌, 师安隆. 开发区与城市空间结构演化 [J]. 城市问题, 2008 (11): 52 – 57.

[44] 何丹, 蔡建明, 周璟. 天津开发区与城市空间结构演进分析 [J]. 地理科学进展, 2008, 27 (6): 97 – 103.

[45] 朱东风. 1990 年代以来苏州城市空间发展——基于拓扑分析的城市空间双重组织机制研究 [D]. 东南大学博士学位论文, 2006.

[46] 黎夏, 叶嘉安. 约束性单元自动演化 CA 模型及可持续城市发展形态的模拟 [J]. 地理学报, 1999, 54 (4): 289 – 298.

[47] 邹桂红. 基于 GIS 的城市空间结构演变研究——以乌鲁木齐为例 [D]. 新疆大学硕士学位论文, 2003.

[48] 李亦秋, 陈朝镇. 基于 GIS 的绵阳城市空间结构动态变化研究 [J]. 西南民族大学学报 (自然科学版), 2007, 33 (1): 153 – 157.

[49] 李默. 城市空间结构演化研究与用地规模预测——以乌鲁木齐市为例 [D]. 新疆大学硕士学位论文, 2007.

[50] 何春阳，陈晋，史培军等．大都市区城市扩展模型——以北京城市扩展模拟为例 [J]．地理学报，2003，58（2）：294－304.

[51] 高杨，吕宁，薛重生等．基于 RS 和 GIS 的城市空间结构动态变化——以浙江省义乌市为例 [J]．城市规划，2005，29（9）：35－38.

[52] 李全林，马晓冬，朱传耿等．基于 GIS 的盐城城市空间结构演化分析 [J]．地理与地理信息科学，2007，23（3）：69－86.

[53] 张京祥，崔功豪．城市空间结构增长原理 [J]．人文地理，2000，15（2）：15－18.

[54] 杨荣南，张雪莲．对城市空间扩展的动力机制与模式研究 [J]．地域研究与开发，1997，16（2）：1－5.

[55] 张庭伟．1990 年中国城市空间结构的变化及其动力机制 [J]．城市规划，2001，25（7）：7－14.

[56] 石崧．城市空间结构演变的动力机制分析 [J]．城市规划汇刊，2004，149（1）：50－52.

[57] 王开泳，王淑婧，薛佩华．城市空间结构演变的空间过程和动力因子分析 [J]．云南地理环境研究，2004，16（4）：65－69.

[58] 邢忠，陈诚．河流水系与城市空间结构 [J]．城市发展研究，2007，14（1）：27－32.

[59] 潘鑫．上海市城市空间结构演化的用地制度分析 [J]．现代城市研究，2008（1）：34－40.

[60] 欧阳杰，李旭宏．城域·市域·区域——以京津城市空间结构的演变为例 [J]．规划师，2007，23（10）：60－63.

[61] 韩凤．城市空间结构与交通组织的耦合发展模式研究 [D]．东北师范大学博士学位论文，2007.

[62] 陈峰，刘金玲，施仲衡．轨道交通构建北京城市空间结构 [J]．城市规划，2006，30（6）：36－39.

[63] 潘海啸．轨道交通与大都市地区空间结构的优化 [J]．城市轨道交通研究，2008（5）：25－34.

[64] 曹国华，张露．轨道交通与城市空间有序增长相关研究 [J]．城市轨道交通研究，2003（1）：9－13.

[65] 周素红，闫小培．广州城市空间结构与交通需求关系 [J]．地理学报，2005，60（1）：131－142.

[66] 王春才．城市交通与城市空间演化相互作用机制研究 [D]．北京交通大学博士学位论文，2007.

[67] 单刚，王晓原，王凤群．城市交通与城市空间结构演变 [J]．城市问题，2007（9）：37-42.

[68] 邱建华．交通方式的进步对城市空间结构、城市规划的影响 [J]．规划师，2002（7）：67-69.

[69] 徐琳，刘晨阳．城市空间结构与城市交通互动关系及启示 [J]．山西建筑，2008，34（1）：37-38.

[70] 陈腾，刘璇．浦东新区城市空间结构与交通系统的和谐发展模式初探 [J]．规划师，2008，24（9）：13-15.

[71] 吴红莉．论快速公交对城市空间结构的优化作用——以西安市为例 [J]．现代商贸工业，2008，20（4）：124-126.

[72] 何流，崔功豪．南京城市空间扩展的特征与机制 [J]．城市规划汇刊，2000（6）：56-60.

[73] 段汉明，张刚．西安城市地域空间结构发展框架和发展机制 [J]．地理研究，2002，21（5）：627-634.

[74] 丁成日．城市"摊大饼"式空间扩展的经济学动力机制 [J]．城市规划，2005，29（4）：56-60.

[75] 王磊．城市产业结构调整与城市空间结构演化——以武汉市为例 [J]．城市规划汇刊，2001（3）：55-58.

[76] 李维敏．广州城市廊道变化对城市景观生态的影响 [J]．地理学与国土研究，1999，15（4）：76-80.

[77] 李伟峰，欧阳志云，王如松等．城市生态系统景观格局特征及形成机制 [J]．生态学杂志，2005，24（4）：428-432.

[78] 肖笃宁，高峻，石铁矛．景观生态学在城市规划和管理中的应用 [J]．地球科学进展，2001，16（6）：813-820.

[79] 管驰明，姚士谋．绿色空间导向的城市空间结构模式探析——以南京河西新城为例 [J]．城市，2006（6）：70-73.

[80] 李云，高艺．空间资源紧缺下的城市密度演变与政策价值取向——以深圳市为例（2000年至2006年）[J]．城市发展研究，2008，15（5）：7-17.

[81] 冯健，陈秀欣，兰宗敏．北京市居民购物行为空间结构演变 [J]．地理学报，2007，62（10）：1083-1096.

[82] 谢涤湘，魏清泉．广州大都市批发市场空间分布研究 [J]．热带地理，2008，28（1）：47-51.

[83] 高宏宇．社会学视角下的城市空间研究 [J]．城市规划学刊，2007（1）：44-48.

［84］王兴中．中国城市社会空间结构研究［M］．北京：科学出版社，2000．

［85］崔功豪等．中国城市边缘区空间结构及演化［J］．地理学报，1990，45（4）：399－410．

［86］胡兆量，福琴．北京人口的圈层变化［J］．城市问题，1994（4）：42－45．

［87］周一星，孟延春．沈阳的郊区化：兼论中西方郊区化的对比［J］．地理学报，1997，52（4）：289－299．

［88］赵景海．中国资源型城市空间发展研究［D］．东北师范大学博士学位论文，2007．

［89］江曼琦．城市空间结构优化的经济学分析［M］．北京：人民出版社，2001：128－131．

［90］郭鸿悉等．城市空间经济学［M］．经济科学出版社，2002．

［91］高鸿鹰．城市化进程与城市空间结构演进的经济学分析［M］．北京：对外经济贸易大学出版社，2008．

［92］郑连虎，秦洁．中国城市空间结构调整的性质［J］．城市问题，2003（6）：19－21．

［93］Jacek Kotus. Changes in the spatial structure of a large Polish city – The case of Poznan［J］. Cities, 23（5）: 364－380.

［94］Sailer – Fliege, U（1999）. Characteristic of post-socialist urban transformation in East Central Europe. GeoJournal, 1999, 49（1）: 7－16.

［95］Downs, A（1999）. Some realities about sprawl and urban decline Housing Policy Debate. 10（4）: 955－974.

［96］Green, R. K. Nine Causes of Sprawl. University of Wisconsin, Madison, Working Draft. 1999.

［97］Duany, A., Plater – Zyberk, E. and Speck J. Suburban Nation: The Rise of Sprawl and the Decling of the American Dream. Farrar, Straus and Giroux, New York. 2000.

［98］Pitzl, G. R. Encyclopedia of Human Geography. Greenwood, Connecticut, London. 2004.

［99］Martinotti G. Four populations: human settlements and social morphology in contemporarymetropolis. European Review. 1996（4）: 1－21.

［100］Lever, W. F. Post-fordist city. In Handbook of Urban Studies,（ed.）R. Paddison. pp. 273 － 283. Sage Publications, London, 2001, Thousand Oaks, New

Delhi.

[101] Neutz M. The Suburban Apartment Boom. Johns Hopkins University Press, 1968, Baltimore.

[102] Ott, T. From concentration to deconcentration migration patterns in the post-socialist city. Cities. 2001, 18 (6): 403 −412.

[103] Owens B. Suburbia. Straight Arrow Books, 1973, San Francisco.

[104] Higbee E. The Squeeze: City without Space. William Morrow and Co, 1967, New York.

[105] Garreau J. Edge City: Life on the New Frontier [M]. New York: Donbleday, 1991.

[106] Gans H J. The levittowners. Ways of Life and Politics in a New Suburban Community. Columbia University Press, 1967/1982, New York.

[107] Low S. Behind the Gates. Life, Security and the Pursuit of Happiness in Fortress America. Routledge, 2004, New York, London.

[108] Kunstler, J. Home from Nowhere. Simon & Schuster, 1996, New York.

[109] Langdon, P. A Better Place to Live. University of Massachusetts Press, 1994, Amherst.

[110] Rusk, D. Cities Without Suburbs. Woodrow Wilson Center Press, 2000, Washington, DC.

[111] Lopez, R and Hynes, R. Sprawl in the 1990s. Measurement, distribution and trends. Urban Affairs Review. 2003, 38 (3): 325 −355.

[112] Rudolph, R and Brade, I. Moscow: processes of restructuring in the post-soviet metropolitan periphery. Cities, 2005, 22 (2): 135 −150.

[113] Kostinskiy, G. Post-socialist cities in flux. In Handbook of Urban Studies, (ed.) R Paddison. pp. 451 −465. Sage Publications, 2001, London, Thousand Oaks, New Delhi.

[114] Sykora, L. Change in the internal spatial structure of postcommunist Prague. GeoJurnal, 1999, 49 (1): 79 −89.

[115] 殷洁, 张京祥, 罗小龙. 基于制度转型的中国城市空间结构研究初探 [J]. 人文地理, 2005 (3): 59 −62.

[116] 张京祥, 吴缚龙, 马润潮. 体制转型与中国城市空间重构——建立一种空间演化的制度分析框架 [J]. 城市规划, 2008, 32 (8): 55 −60.

[117] 冯健. 转型期中国城市内部空间重构 [M]. 北京: 科学出版社, 2004.

［118］周春山. 改革开放以来大都市人口分布与迁居研究——以广州为例 ［M］. 广州：广东高等教育出版社，1996.

［119］李志刚，吴缚龙. 转型期上海社会空间分异研究 ［J］. 地理学报，2006，61（2）：199－211.

［120］刘玉亭. 转型期中国城市贫困的社会空间 ［M］. 北京：科学出版社，2005：1－175.

［121］Lin N. and Bian Y. J., Getting ahead in urban China ［J］. American Journal of Sociology, 1991（97）：657－688.

［122］Lin N. Local market social ism: local corporation in action in rural China ［J］. Theory and Society. 1995（24）：301－354.

［123］Wu F. L. China's changing urban governance in the transition towards a more market-oriented economy. Urban Studies, 2002, 39（7）.

［124］魏立华，卢鸣，闫小培. 社会经济转型期中国"转型城市"的含义、界定及其研究架构 ［J］. 现代城市研究，2006（9）：36－44.

［125］马克思. 资本论（第三卷）［M］. 中共中央马克思恩格斯列宁斯大林著作编译局译，北京：人民出版社，1998：872.

［126］威廉·阿朗索. 区位和土地利用地租的一般理论 ［M］. 梁进社译，北京：商务印书馆，2007.

［127］Foley, L. D. "An Approach to Metropolitan Spatial Structure" in Webber, M. M. et. al. Exploration into Urban Structure, university of Pennsylvanian Press, 1964：63－73.

［128］Bourne L. S. Internal Structure of the City: Readings on Urban Form, Growth, and Policy. Oxford: Oxford University Press, 1978.

［129］Harvey D. Class structure in a capitalist society and the theory of residential differentiation. In: Peet R., Chisholm M. & Haggett P.; Processes in physical economicy of cities ［J］. Beverly Hills: Stages Publications, 1975：119－163.

［130］Knox P. and Pinch S. Urban Social Geography—An Introduction ［M］. 4th ed Englewood C. liffs N. J. Prentice Hall, 2000.

［131］C. 亚历山大著. 建筑的永恒之道 ［M］. 赵冰译，北京：中国建筑工业出版社，1989.

［132］刘易斯·芒福德. 城市发展史——起源、演变和前景 ［M］. 宋俊岭，倪文彦译，北京：中国建筑工业出版社，2005.

［133］胡俊. 中国城市：模式与演进 ［M］. 北京：中国建筑工业出版社，1995：3－7.

［134］柴彦威. 城市空间［M］. 北京：科学出版社，2000.

［135］顾朝林. 中国城市地理［M］. 北京：商务出版社，2002.

［136］朱喜钢. 城市空间集中与分散论［M］. 北京：中国建筑工业出版社，2002.

［137］谢守红. 大都市区的空间组织［M］. 北京：科学出版社，2004：28 - 29.

［138］冯维波. 试论城市空间结构的内涵［J］. 重庆建筑，2006（7）：31 - 34.

［139］Munford, Lewis. The Culture of Cities［M］. London：Martin Secker & Warburg Ltd. 1938：480.

［140］Ira Katznelson. Marxism and the city. Oxford：Clarendon Press；New York：Oxford University Press. 1992.

［141］刘青昊. 城市形态的生态机制［J］. 城市规划，1995（2）：20 - 22.

［142］齐康. 城市的形态［J］. 南京工学院学报，1982（8）：16.

［143］Richardson H. W. The Economics of Urban Size Lexington, Mass, 1973.

［144］邬建国. 景观生态学：格局、过程、尺度与等级［M］. 北京：高等教育出版社，2000.

［145］李阳兵，王世杰，容丽. 不同石漠化程度岩溶峰丛洼地系统景观格局的比较［J］. 地理研究，2005，24（3）：371 - 378.

［146］李秀彬. 全球环境变化研究的核心领域：土地利用/土地覆被变化的国际研究动向［J］. 地理学报，1996，51（5）：553 - 558.

［147］Bruce P. , Maurice Y. Rural/urban land conversion I：estimating the direct and indirect impacts［J］. Urban Geography, 1993, 14（4）：323 - 347.

［148］贺灿飞. 产业联系与北京优势产业及其演变［J］. 城市发展研究，2006，13（4）：99 - 108.

［149］Ingersoll, R. The disappearing suburb. Design Book Review, 1992, 26.

［150］Castells, M. High technology, economic restructuring, and the urban-regional process in the United States, in M. Castells（ed）. High technology, Space and Society, Sage, Beverly Hills, CA. 1985.

［151］陆学艺. 调整社会结构，促进社会进步［J］. 长白论丛，1996，6.

［152］Clark C. Urban population densities［J］. Journal of the Royal Statistical Society, 1951, 114：490 - 496.

［153］Small K. A. , Song S. Population and Employment densities：Structure and Change. Journal of Urban Economics, 1994, 36（36）：292 - 313.

［154］张雪花，郭怀成，张宏伟. 区域经济联系强度的分形特征分析及其在中国西部地区的应用［J］. 北京大学学报（自然科学版）网络版（预印本），

2006, 1 (3): 1 - 5.

[155] Dicken, P. Global shift: industrial change in a turbulent world [M]. London, 1986: 110 - 113.

[156] Marx, K., and Engels, F. 1952 edition, Manifesto of the Communist Party, Moscow.

[157] 大卫·哈维. 希望的空间 [M]. 胡大平译. 南京: 南京大学出版社, 2005: 61.

[158] Taylor, T. Global Pop, Routledge, London, 1997.

[159] 王缉慈, 王敬甯. 中国产业集群研究中的概念性问题 [J]. 世界地理研究, 2007, 16 (4): 89 - 97.

[160] Pinch, S. Worlds of Welfare: Understanding the Changing Geographies of Social Welfare Provision, Routledge, London: 1979.

[161] 马克思. 资本论 (第三卷) [M]. 中共中央马克思、恩格斯、列宁、斯大林著作编译局译. 北京: 人民出版社, 1998: 714 - 715.

[162] 马克思. 资本论 (第三卷) [M]. 中共中央马克思、恩格斯、列宁、斯大林著作编译局译. 北京: 人民出版社, 1998: 872.

[163] 刘欣葵等著. 首都体制下的北京规划建设管理——封建帝都 600 年与新中国首都 60 年 [M]. 北京: 中国建筑工业出版社, 2009: 233 - 242.